制造业先进技术系列

制造工艺体系实践

沈黎钢 著

机械工业出版社

本书阐述了在当前数字化时代，如何使制造工艺成体系，避免碎片化。本书共 5 章，以第 1 章介绍的工艺体系为地基，构建了第 2~第 4 章所阐述的三大能力，包括产品类工艺能力、优化类工艺能力、解决产品问题的能力，并在此基础上，在第 5 章详述了数字化工艺。在制造工艺体系搭建过程中，应按照本书讲解的顺序进行，不可本末倒置。本书的叙述特点是非宏观、真细节、不做枯燥的技术说教，这让本书具有极强的可读性，对企业工艺体系建设落地具有重要帮助。

本书深刻揭示了一个事实——数字制造，工艺先行。先进性不足的制造工艺是当前我国制造业数字化转型的瓶颈，应转变部分企业重研发、轻工艺的做法，让工艺成为生产技术之源，从而提高制造业数字化转型的成功率。

本书基于工艺管理国家标准，适合企业管理人员、工艺规范制定人员、技术人员使用，也可供高等院校相关专业师生参考。

图书在版编目（CIP）数据

制造工艺体系实践 / 沈黎钢著. -- 北京：机械工业出版社，2025.2. -- (制造业先进技术系列).
ISBN 978-7-111-77545-4

Ⅰ. TH16

中国国家版本馆 CIP 数据核字第 20255JS832 号

机械工业出版社（北京市百万庄大街22号　邮政编码100037）
策划编辑：孔　劲　　　　　责任编辑：孔　劲　卜旭东
责任校对：贾海霞　张　薇　　封面设计：马精明
责任印制：郜　敏
三河市航远印刷有限公司印刷
2025年4月第1版第1次印刷
169mm×239mm・17.5印张・310千字
标准书号：ISBN 978-7-111-77545-4
定价：79.00元

电话服务　　　　　　　　网络服务
客服电话：010-88361066　　机 工 官 网：www.cmpbook.com
　　　　　010-88379833　　机 工 官 博：weibo.com/cmp1952
　　　　　010-68326294　　金 书 网：www.golden-book.com
封底无防伪标均为盗版　　　机工教育服务网：www.cmpedu.com

前　言

在笔者的多部图书里，不止一次地提到"数字制造，工艺先行""没有专门研究过制造方法论，建议放弃数字化转型"，这并不是危言耸听，而是真实的感悟。但还是有很多企业在浮躁的数字化氛围下前赴后继，直到遭遇了失败还找不到失败的原因，似乎失败并不是成功之母。

因深耕制造业的研发、工艺、质量、生产、精益等业务，笔者应该说得上是一位精通制造业务底层逻辑的人士，在经历了各式各样的成功或失败的数字化转型后，认真总结，发现了其中的规律，即数字化转型成功的企业，都是研究了制造方法论的，反之则是忽略了制造方法论。而制造方法论的研究，在我国由工艺部门来承担，这是由工艺国家标准决定的。

一个遗憾的现实是，迄今为止，我国制造企业在数字化转型的过程中，喜好"吃快餐"，追求速成，急功近利，以为上线一个所谓的软件平台，就可以让企业走上数字化的快车道，忽略了对工艺的投入，导致没有工艺部，或者工艺部由技术部或质量部兼职。在缺乏制造方法的基础上，搭建数字化软件平台，就如无本之木、无源之水，终究是黄粱一梦。制造业不是服务业，无论如何都无法速成。

在讲解制造工艺体系时，笔者发现广大学生所掌握的工艺体系知识可以说匮乏得无以复加，经常会一问三不知。笔者对此忧心忡忡、感慨万千，市面上有许多所谓的人事数字化、营销数字化、供应链数字化、安全数字化等讲座，火爆万分，独不见工艺数字化讲座的火爆，有的就是平平淡淡地在课堂上讲解真正的技术，连像那些火爆讲座搞氛围的机会都没有，于是笔者更加坚信了工艺是一门要静得下心来琢磨的、要耐得住寂寞的技术门类，来不得半点急功近利，一旦急功近利，失败的数字化转型马上"教你做人"。

偏偏制造方法论的研究，不是一朝一夕的事，我国国家标准中明确指出，工艺部是研究制造方法论最名正言顺的职能部门，需要长期的技术沉淀、积累才能厚积薄发，如一个工艺参数的最终设定，需要由无数个工艺验证结果来支撑，再把这个确定的工艺参数输入计算机辅助工艺设计（Computer Aided Process Planning，CAPP）平台，发布给制造系统的关联部门，若这个工艺参数是错的，就会导致系统平台里的全面错误，贻害无穷。因此，平心静气地聚焦于制造方法论研究，才能在数字化时代结出好的果实。

不仅仅是制造方法论，工艺在企业里还承担着承上启下的作用，承接了技术部门的各类设计图、技术参数等，采用适当的制造技术和管理手段来确保产品功能的实现，没有工艺这个环节，只由技术人员直面制造端，很难谈得上达成高效、高质量生产，因为技术人员的关键绩效指标（Key Performance Indicator，KPI）和生产人员的KPI维度终究不一样，工艺的存在，就如技术和制造的润滑剂，确保两方都顺畅运行。

工艺是一门枯燥、不能浮躁、更不能造假的技术加管理的工业门类，极度需要时间沉淀才能做好，而我国长期的高速发展使各行各业中的部分企业出现急功近利的现象，时间一长，就形成了大部分企业不重视工艺的风气。工艺本该像动画片里的"大力水手"那样，一手托起了技术，一手托起了制造，就如国家标准里描述的那样。实际的执行中工艺却如风箱里的老鼠——两头受气，技术可以将责任归咎于工艺没有找到好的制造参数，生产制造做错了可以将责任归咎于工艺没有写清楚操作要领，这种长久以来的不良风气导致愿意从事工艺的人越来越少，即使出货场面红红火火，但是制造基础却虚弱不堪。当国家的数字化战略一来，立刻现出原形，哪些企业用心深耕制造技术，哪些企业在追逐表面文章，一目了然，因为数字化的成败证明了一切。从这个方面来讲，国家推动数字化转型战略，也是用心良苦，通过制定该战略来倒逼企业"强身健体"，增强核心竞争力，以赢得世界范围内的竞争。

和同行横向对比，欧美先进企业是不设立工艺部的，因为欧美国家没有工艺国家标准，但是为何这些先进企业做出来的产品还是有竞争优势呢？难道这些先进企业的技术部和生产部天生就可以把产品高效、高质量地做出来？其实不是，反而是在没有工艺部的情况下，这些先进企业设立了为制造服务的庞大专业部门，如工程部、方法论部、精益管理部、工业化部、工业工程部、结构工程部、制程工程部、生产技术部等，这些部门合起来其实就是我国国家标准里说的工艺部。

我国企业在学习世界先进企业的过程中，有些是学了些皮毛，看到先进企业里没有工艺部，自己就照葫芦画瓢地不设立工艺部，其实先进企业里的真实做法是各类庞大的部门合起来一起研究制造方法论，即使没有数字化转型这个国家战略，这些企业也一直在兢兢业业地研究制造方法论并付诸实施，达成的效果是，即使没有数字化软件平台，也完成了数字化转型，这句话在数字化转型系列图书里已经反复提及。最好的例子是笔者亲身工作过的企业，100多年前就设定了制造方法论部，专门潜心研究制造技术，从未中断。

对比下来，我国企业和世界先进企业对于制造方法论的重视程度不在一个层级上，从未听说哪家世界先进企业在轰轰烈烈地推进数字化转型。借用好友施耐德电气首席科学家的原话"施耐德已经完成了数字化转型"，对比下来，这是我国企业和世界先进企业之间巨大的鸿沟，填补这鸿沟的关键就是制造方法论，国内企业普遍缺失的制造方法论才是工业企业数字化转型的瓶颈。

因此，本书呼吁广大制造企业重视工艺，否则薄弱的工艺能力会成为当前时代下阻碍制造业数字化转型的瓶颈，预估在未来十年内，工艺都将是数字化转型的瓶颈。当解决了工艺这个瓶颈后，新的瓶颈可能会转移到其他因素上，如技术、市场等。企业发展的瓶颈永远都在，只不过随着时间推移和企业发展，会体现在不同的因素上。

在数字化时代，如何搭建工艺体系并执行到位，真正地研究制造方法论，不做表面文章，是本书的主题。做好工艺，是解决当前数字化转型难以成功的有效途径。由于本书阐述的主题是工艺体系建设，数字化的篇幅相对较少，故并未把本书作为数字化转型系列图书中的一本。

本书开门见山地指出，以工艺体系为地基，构建三大能力：产品类工艺能力、优化类工艺能力、解决产品问题的能力。最终在工艺体系执行完备的情况下，实现数字化时代下的数字化工艺，突破当前数字化转型的瓶颈。本书各章节的逻辑框架如图0.1所示，大部分以案例实践为依托来讲解。

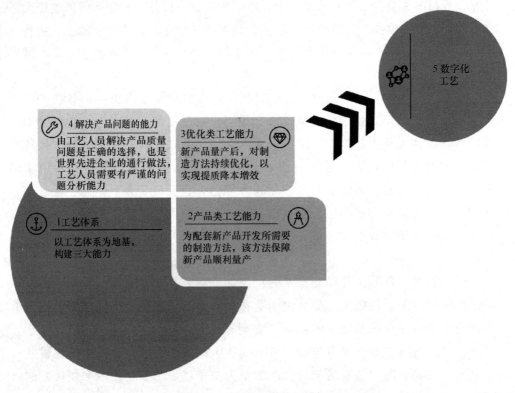

图 0.1　本书各章节的逻辑框架

　　申明：本书所述工艺体系建设基于我国工艺国家标准，进一步延伸至操作层面应该如何展开，结合了先进企业的做法和案例，向广大读者展示一个好的工艺实践到底应该是什么样的场景，广大企业要基于企业自身实际来构建工艺体系，而不能照搬照抄书中所述的做法和案例，若因此造成损失，本书不承担任何责任。

沈黎钢
于苏州

目 录

前言

第1章 工艺体系 ································· 1
1.1 实践中尴尬的工艺定位 ···················· 1
1.1.1 与先进企业的横向比较 ············· 1
1.1.2 工艺在企业内部的定位 ············· 4
1.1.3 工艺在工业体系中的位置 ·········· 6
1.2 实践中工艺的具体事务 ···················· 8
1.2.1 工艺的总体分类 ···················· 8
1.2.2 工艺的具体核心事务 ·············· 10
1.3 工艺核心事务在产品生命周期内的分布 ···· 16
1.4 实践中工艺的管理办法 ··················· 30
1.4.1 工艺的组织架构 ··················· 30
1.4.2 工艺核心业务的流转 ·············· 31
1.4.3 基于核心业务的工艺人员管理 ···· 31
1.4.4 基于核心业务的工艺人员能力晋升机制 ···· 39

第2章 产品类工艺能力 ························ 51
2.1 制造工时 ································ 51
2.1.1 工时类型选择 ····················· 51
2.1.2 计时制工时详述 ··················· 55
2.1.3 工时的测定办法 ··················· 58
2.2 作业指导书 ······························ 64
2.3 样品承认 ································ 72
2.3.1 质量控制计划到底由哪个部门给出 ···· 72
2.3.2 质量控制计划和样品承认的关系 ···· 75
2.3.3 样品承认的全过程 ················· 84
2.4 生产线设计 ······························ 89

2.5 工程变更 ·· 105
　　2.5.1 工程变更的负责部门 ·· 105
　　2.5.2 工程变更内容详解 ·· 108
2.6 其他产品类工艺简述 ·· 112
　　2.6.1 结构工艺性审查 ·· 112
　　2.6.2 制程失效模式分析 ·· 116
　　2.6.3 工艺路线维护 ·· 121

第3章　优化类工艺能力 125
3.1 改善 ··· 126
3.2 价值流 ··· 131
3.3 操作员工培训 ··· 142
3.4 用于高效制造的工具设计 ·· 151
　　3.4.1 配料制转看板制零件存放架设计需求思路 ············· 151
　　3.4.2 更改设计以达成工艺优化的思路 ···························· 154
　　3.4.3 人机工程工装设计思路 ··· 159
　　3.4.4 其他工装夹具案例思路简述 ···································· 162
3.5 现场工艺纪律检查 ··· 165
3.6 其他优化类工艺简述 ·· 168

第4章　解决产品问题的能力 173
4.1 分析工程问题的办法 ·· 174
4.2 案例1——退一步的工程问题解决办法 ···························· 180
4.3 案例2——一开始设定逻辑树的工程问题解决办法 ········· 187
4.4 案例3——高阶能力：工艺对产品全生命周期的调研 ····· 193

第5章　数字化工艺 221
5.1 CAPP ·· 221
　　5.1.1 什么是CAPP ··· 221
　　5.1.2 CAPP为什么是数字化转型最难的业务 ··················· 226
　　5.1.3 如何实现CAPP ··· 228
5.2 结构化样品承认 ·· 233
5.3 工程变更是否需要数字化 ·· 244
5.4 其他工艺业务的数字化简述 ·· 247
　　5.4.1 结构工艺性审查 ·· 247

5.4.2　制程失效模式 ·················· 248
　　5.4.3　生产线 ······················ 250
　　5.4.4　工时 ······················· 250
　　5.4.5　操作员工培训 ·················· 251
　　5.4.6　工装夹具 ···················· 251
　　5.4.7　合理化建议 ··················· 252
5.5　卓越工业平台中的优化类工艺管理 ············ 253
　　5.5.1　持续改善模块 ·················· 255
　　5.5.2　5S 数字化管理模块 ················ 255
　　5.5.3　全员生产性维护模块 ··············· 257
　　5.5.4　制程稳健模块 ·················· 260
　　5.5.5　培训与发展模块 ················· 260
　　5.5.6　快速响应模块 ·················· 262
　　5.5.7　年度工业能力审核专家模块 ············ 265

后记 ······························ 267

参考文献 ··························· 270

第1章 工艺体系

1.1 实践中尴尬的工艺定位

1.1.1 与先进企业的横向比较

笔者在讲解制造技术的各类课堂上,通常第一句开场白就是询问学生们:"企业有没有专门设立的工艺部?"得到的反馈常常是面面相觑,再问下去:"由哪个部门负责解决质量问题?"有人回答是质量部解决质量问题、技术部解决质量问题、工程部解决质量问题、研发部解决质量问题等,却极少有人回答由工艺部解决质量问题的。笔者经常会说:"永远不要指望质量部来解决质量问题。"有的学生会心一笑,有的学生一脸茫然,有的学生还表现出一副要来反驳的样子。

GB/T 24737.1—2012,明确指出由工艺部来解决质量问题,而不是由质量部来解决质量问题(可预先参阅本书第4章)。

为什么会这样呢?为什么有专门的工艺国家标准而不遵守呢?为什么工艺在有些企业里容易被弱化成一个写操作说明的部门呢?为什么质量部会有不能真正解决问题的情况呢?为什么同样的产品质量问题会反复出现呢?为什么工艺会"两头受气"呢?基于如此多的困惑,追本溯源地深度思考下去,会发现工艺的定位在我国很多企业里是不清不楚的,有大量的企业甚至没有工艺部。这在数字化转型期间是一个硬伤,会导致无论企业如何努力推进数字化转型,收到的效果总是差强人意,大部分的项目都会以失败告终。

不清不楚的定位,就是师出无名,无法回答经典的问题"我是谁,我从哪里来,要到哪里去",在没有目标的路上一路狂奔,只会既没有功劳也没有苦劳，从头至尾就是一种自我感动，收不到任何效果，定位模糊的工艺业务成为当下工业数字化转型中的一个瓶颈。

本节将结合先进企业的做法来明确工艺的定位，解释长期以来的困惑，即为什么世界先进企业没有工艺部，质量却还是一如既往的优秀。

我国工艺有成体系的国家标准，国家标准中要求的工艺职能重要且繁杂，而外资企业没有工艺国家标准，我国台湾省也暂未遵循我国的工艺国家标准，因此我国工艺国家标准中要求的工艺职能在外资企业和台湾省企业中被分散到许多职能部门，外资企业和台湾省企业的数字化转型通常由这些部门集体推动，而大陆企业若没有设立工艺部，将导致这些在外资企业、台湾省企业中业已存在多年的部门职能一并消失，再次印证了数字化转型天然难以成功。

不同国家和地区的企业，其职能部门到底在做什么事情，是不是就是我国国家标准中规定的工艺部职能呢，如图1.1所示。

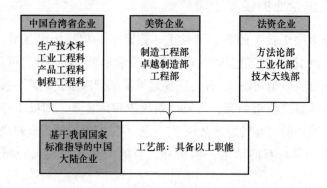

图1.1　我国国家标准中的工艺部职能

1. 中国台湾省企业

1）生产技术科：专门对生产过程中出现的各类制造资源异常负责，如设备调试、工装夹具调整、各类维修，甚至还包括更换现场灯泡；各类现场制造参数的优化，如更快的焊接时间试验、更高的烘烤温度验证等；配合研发部试生产（或称为试跑），以达成产品要求和实际制造要求之间的平衡。

2）工业工程科：负责编制作业指导书、培训操作员工、不良费用转嫁计算、精益生产的推广、生产线的规划和计算工时定额等。

3）产品工程科：负责量产零件的稳定，一旦出现零件异常，第一时间分析出零件异常的根本原因，告知工厂的质量部如何进行问题围堵，告知质量部返工的方式，与供应商管理部一起去厂家解决零件质量问题。若零件自制，告知工厂各部门处理的办法，按照该办法执行，一切后果由产品工程科负责。配合研发部进行零件的量产认证，接受认证完成后的报告移交给本部门；负责工程变更的闭环执行。

4）制程工程科：解决生产现场的各类装配异常、测试异常、卡滞异常、效率不达标等问题，若分析出装配异常是由某个零件导致，通知到产品工程科，由产品工程师解决零件质量问题。负责研发部门的新品在生产现场的试生产，推动每日试生产问题的解决，以确保释放量产后的新产品在一段时间后达到良率目标。

2. 美资企业

1）制造工程部：为制造部门提供各类制造资源，如设备的订购、工作台的制作、工装夹具制作等；承接研发制造工程师输出的试生产报告，评审是否可以满足新品释放量产的条件；处理各类与制造相关的其他事务。

2）卓越制造部：负责统计工时定额，规划生产现场，推动精益生产在各部门的切实执行，常态化收集制造成本（包含直接制造成本、间接制造成本等）。基于收集的成本，进行常态化的精益改善，以驱动成本降低、效率提升。

3）工程部：比制造工程部扩大了一圈，在制造工程部的基础上，负责量产零部件的稳定性、生产现场的质量问题处理、作业指导书编制、工程变更的闭环执行，切实执行卓越制造部提出的各类改善措施等。

3. 法资企业

1）方法论部：负责为生产制定一切办法，如工时、设备开发、工装夹具设计、精益物料供给、生产线设计、操作员工培训、执行持续改进、作业指导书编制等，形象化比喻就是"生产线的保姆"，生产现场只要有任何制造问题，第一时间去找该部门。

2）工业化部：把方法论部设计完成的生产线进行物理层面的实现，把方法论部设计的工装夹具切实地制造出来。该部门和方法论部的关系是，方法论部定好方法，工业化部负责实现。

3）技术天线部：承接研发的技术变更，通知到工厂的各个部门，有些情况下会负责召开工程变更会议，有些情况下会由负责的工程师召开工程变更会议。若技术天线部做得好，是一个推动工程变更的优秀部门；若做得不好，会成为研发部门的传话筒。

当然，以上部门分类并不代表全部的先进企业都是这么分类的，上述的分类仅代表典型的先进企业的部门分类，企业里还有各式各样的部门称谓，这里就不一一枚举了。

用逆向思维可以看出，这些先进企业里和制造强相关的部门无论叫什么部门，都不叫工艺部，但当仔细研读了工艺的19个国家标准后会发现，这些先进企业里的部门做的所有事情合起来，几乎都可以在工艺国家标准里找得到。

因此，不要光看先进企业表面上没有工艺部，实际上，这些企业把工艺的事务分解到了更多的部门里，做得更细致，在真正地践行制造方法论，而我国的国家标准中规定的这些事务均由工艺来做，看起来有19个国家标准，数量不少，但仔细精读后会发现，该国家标准为了达成全国的普适性，讲解得比较宽泛，大部分属于导则类，提到了要做某个事情，但是该事情具体应如何执行，并没有明确的说法，这也是第一层级的国家标准的叙事方式。例如，工艺国家标准里说到工艺要负责生产线规划设计，就一句话，而生产线规划设计是一个极其庞大的工程，即使设立一个专门的部门来做都不为过。

真正要基于国家标准，追赶上先进企业的管理模式，建议工艺部要下设几个小组，这些小组对应先进企业的各个职能门类，而不是让一个工程师做全套工作，因为工艺的事务太庞杂，由一个工程师做全套工作，只会导致事情浮于表面，无法深入核心。例如，有大量的企业还在实行计件制工时，在数字化时代的背景下，这只会产生混乱。

1.1.2　工艺在企业内部的定位

与先进企业的横向比较可以看出，先进企业是如何开展工艺实践的，他们表面上没有工艺，实际上却有极其强大的工艺，制造企业应知晓当前我们的工艺和先进企业之间存在的巨大鸿沟。填补该鸿沟需要长期的艰苦奋斗，不是一蹴而就的，不会因为知晓了该鸿沟，它就会自动愈合。

基于制造常识，先进企业给予了工艺明确的定位，在此基础上，才达成了世界范围内的竞争优势。

1）工艺在制造端，践行工艺定方法、生产执行、质量监督的原则（见图1.2），这是现代企业制度运作的基本常识性逻辑。在数字化转型期间，缺少工艺环节，将无法闭环，项目成功率自然极低。

2）工艺在产品开发周期内，践行承上启下原则（见图1.3）。承接技术部门输出的设计方案，赋予了该设计方案合适的制造方案，达成高质高效生产，而非生产端自行想办法。工艺给予制造端正确的制造过程，基于正确的过程，才能生

图1.2　工艺是制造闭环中的关键一环

产出正确的产品。仅仅放任生产线自行想办法，可能会导致产品虽然被制造出来了，但却付出了巨大的成本。例如，设计图上规定是一个锌合金壳体零件，按照最经济的做法，压铸方式是大批量下最经济的生产方式，但生产部在没有工艺指导的情况下，直接采用了厂内现有的一台数控加工中心，硬生生地把一块锌合金锭挖成了一个壳体零件，成本巨大。

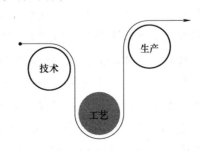

图 1.3　工艺在产品开发中的承上启下

3）工艺最终还是为制造服务，辅助为产品开发服务（见图 1.4），故不能本末倒置，把大部分的工艺资源分配为研发服务，研发人员本身就要懂得制造工艺，这是设计为制造服务（Design for Manufacture，DFM）的要求，不懂制造工艺的研发是不合格的研发。和我国大量企业相比，该方式具有显著的不同，我国企业即使有工艺部，也是脱胎于研发部的工装夹具组，热衷于为产品开发服务，即使独立成两个平行的部门，潜意识里还是固有的思维，是面向产品开发的，不是面向生产制造的，不知晓产品释放量产后还有更多的工艺事务（在第3章中会重点讲解）。

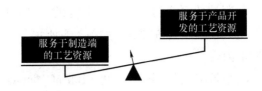

图 1.4　工艺资源应倾向为制造服务

某家企业在数字化项目的最后时刻，软件平台一上线，就发现业务已经卡死了，无法有效运作。企业负责人极其焦虑，作为该企业负责人的朋友，笔者来到企业现场，发现存在以下问题。

1）这家企业长期以来每个部门都是各自为战、互相不认可的，认为自己部门的数字化转型才是最难的，要以自己部门的信息为源头控制企业的方方面面。

2）工艺部犹如"风箱里的老鼠，两头受气"，一直以来都处于从属地位，

5

都是研发部和生产部让工艺部干什么就干什么，工艺部没有指导生产的权威，生产想推翻就推翻。

3）偏偏企业走了正道，实施了CAPP。CAPP承接了研发的技术方案，在CAPP平台里加工成各类制造要素后，传递给质量、生产、仓库等部门，是强控的，工艺部犹如"昔日的农奴翻身做了主人"。

以上因素导致软件平台上线后产生了旷日持久的撕扯，内耗严重，久久不能平息。于是，笔者当即告知企业各个部门：本来是需要先在线下执行好工艺定方法、生产执行、质量监督后，才能把执行到位的管理思路固化入平台，现在倒好，步子迈得太大，直接上了这个工艺强控各部门的平台，工艺强控是对的，但是大家不适应，才导致了各种撕扯。故建议，生产部门和质量部门不要怀疑工艺是否正确，即使是错的也要不折不扣地执行，执行下来若真有问题，找工艺部再优化，而不能还没有执行就互相不服气，这样即使应用了数字化软件平台也是没有意义的，况且即使是执行错了，还可以追溯是由工艺导致的，质量部和生产部是没有责任的，数字化平台反而保护了质量部和生产部。

以这种方式坚持了半年后，工艺部门逐渐建立了制造技术的权威，生产部门发现自己变得轻松了，只要干活即可，其他事情有人来处理，质量部门也发现自己的质量监督似乎变少了，因为工艺人员为了维护自身的权威不被质量部挑战，会在制定制造参数时谨慎万分，出错的概率大大减少，而且一旦出错，工艺部就会收到不良转嫁单，没有人会欣然接受不良转嫁单的，这是常识。

1.1.3 工艺在工业体系中的位置

从企业的整个产品制造体系来看，工艺是关键的一环，即使应了数字化软件平台，仍然要遵循这一基本的制造常识，如图1.5所示。

图1.5反映了如下内容。

1）研发部输出了设计图、设计物料清单（Bill of Material，BOM）、设计验证报告、样品承认报告等必要的信息。

2）工艺部接收了研发的信息，把信息转化为适合制造的各类参数，编制了制造BOM，编制了含物料、关键要点、工时、操作步骤、在制品数量等信息的作业指导书。工艺部把作业指导书输出给质量部和生产部。

3）质量部获取作业指导书里的关键要点，结合研发部给出的样品承认、物料清单，创建零部件控制计划和制程控制计划。控制计划传递给质量部的入料检、巡检。

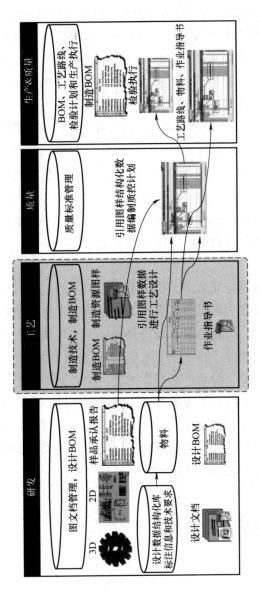

图 1.5　工艺是制造体系不可或缺的一环

4）生产部获得制造 BOM 里的物料清单，根据工艺部的作业指导书来开展工作。

根据图 1.5，假设少了工艺这个环节，将可能出现如下问题。

1）质量部将直接从设计图上抠出标记了关键尺寸的尺寸参数进行管控，而不会考虑该关键尺寸是否无须管控。例如，图样上规定一个塑料件上的两个孔的中心距是关键尺寸，质量部会不假思索地把该关键尺寸设定为需要控制的尺寸，而实际上，该尺寸由模具保证，永远合格，除非模具错位。只是一旦模具错位，模具就损坏了，该塑料件自然就生产不出来。

2）没有作业指导书对生产进行指导，或者作业指导书由研发部兼职，随意编制了一个，会无法切实地指导生产。

3）设计 BOM 没有准确的制造用量，生产需要的材料定额不准确，可能会导致缺料或材料过多。

4）没有工艺路线的情况下，生产部只好自行寻找其认为合适的制造点，不会在意该制造点的设备是否做过产品制造条件认证。

……

少了工艺环节，问题会非常多，很多不在意工艺的企业，通常会等到问题发生之后再倒查，这显然为时已晚。为什么不在问题发生之前就做好有效的制造条件认证呢？要知道，高超的救火能力终究比不上预防胜于治疗的能力，每一位企业负责人都不希望自己的管理层每天不是在救火就是在救火的路上。

本节从横向对比维度、配套产品开发维度、配套制造维度充分阐述了工艺在制造企业里不可或缺的作用，没有深度研究过工艺的企业，将在数字化时代步履维艰，希望读完了本节的企业负责人，立即着手开启工艺之旅。接下来的大量篇幅，将层层递进地展开工艺的画卷，让读者知晓工艺的画卷是多么难以绘制，这是一个极其需要沉淀的过程。

1.2 实践中工艺的具体事务

1.2.1 工艺的总体分类

国家标准中规定的工艺事务包罗万象，在实际运作中，一般将工艺分为产品工程和工业工程两大类。

1)产品工程：即为了把零部件制造出来而采用的一系列制造技术及其管理过程，如焊接技术、铆接技术、注塑技术、机械加工技术、钣金技术、激光技术、线切割技术、化学反应技术、质量问题分析办法等，所有的技术及其管理都是围绕着做出合格的零部件，进而做出合格的产品。

2)工业工程：高校里有专门的工业工程专业，该专业是综合性专业，是一个系统工程，把各类技术点在一个系统里织成一张"大网"。在企业里，会演化成专门着重于工时鉴定（也有归于产品工程）、作业指导书编制（也有归于产品工程）、生产线布局规划（也有归于产品工程）、持续改善、精益生产、快速响应等，这些具体的事务在工艺国家标准中均已提及。开展这些事务的目的是实现高效、高质量生产，同时兼顾经济性。

产品工程着眼于把零部件、产品做出来，工业工程着重于在已经可以做出来的情况下，如何达成高效、高质量、低成本地做出来。理想的情况是两者充分融合，只懂工业工程的分析手段而不懂产品功能原理，做出来的方案是浮于表面的，如仅仅止步于在布局上重新摆个位置就比较肤浅；只懂产品工程而不懂工业工程，会导致为了追求做出零部件而不择手段，如工程师为了追求外购零件不生锈，要求把所有零件放置于一个干燥密闭容器内送至工厂，极大地增加了零件的采购成本，其实保证零件不生锈，增加一个电镀环节即可。不考虑该零部件在整个工厂运营体系里的位置，不考虑成本，不考虑效率等，做出来的方案是粗犷的。

优秀的工艺是融合了产品工程和工业工程两个知识门类的集合体，如图1.6所示。

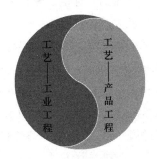

图1.6 工艺由产品工程和工业工程两大知识门类融合构成

工业工程和产品工程是一个有机的整体，人为地把两者割裂开，对企业的发展有百害而无一益。制造业发展至今，企业里实际上已经没有绝对的界限。例如，美资企业里已经不分工业工程和产品工程部门，而是直接称为制造工程部，对员工的要求是两类技术都要懂。我国工艺国家标准一开始就明确规定了工艺要有工业工程能力和产品工程能力。

但是，还是要清楚哪些事务属于工业工程门类，哪些事务属于产品工程门类，因为在数字化转型变革期间，一开始就区分出企业是以工业工程为侧重点，还是以产品工程为侧重点，这对后续的数字化转型方向会产生巨大的影响，如图1.7所示。

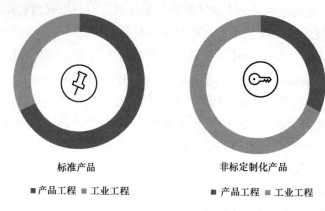

图 1.7　不同产品类型对应不同的数字化转型方向

对图 1.7 的进一步解释如下。

1）当企业以标准产品为主导时，在数字化转型期间的侧重点是产品工程，要尽可能实现数据从前端研发到后端制造的全链贯通，类似于流程制造业，把一个参数传递至后续各个环节。例如，需要有生产件批准程序（Production Part Approval Process，PPAP），以达成产品的大批量稳定生产。

2）当企业以非标定制化产品为主导时，在数字化转型期间的侧重点是工业工程，PPAP 的重要度是下降的，精益类平台（如持续改善、快速响应等）则是重点。

不能把非标定制化产品的业务逻辑套用到标准产品上，混淆侧重点会导致项目极大的失败率。

一款产品的成功运营由产品工程和工业工程共同保障质量、成本、交期（Quality、Cost、Delivery，QCD），知晓该业务方式，不是人为地割裂了产品工程和工业工程，而是告知实施数字化转型要有侧重点，进而就产生了轻重缓急的事务优先级清单。如图 1.8 所示，工艺的工业工程和产品工程永远是一个有机的统一体，且 GB/T 24737.9—2012 明文规定，要应用工业工程技术优化工艺流程，改进操作方法，改善工作环境，整顿生产现场秩序，并加以标准化，有效消除各种浪费，提高质量、生产率和经济效益。

1.2.2　工艺的具体核心事务

工业发展到当前的数字化时代，企业里的工艺也同样在持续发展中，基于工艺国家标准的有些事务，已经有了更进一步的发展。在工艺执行得好的制造企业里，工艺的具体核心事务见表 1.1，但不限于此。

第1章 工艺体系

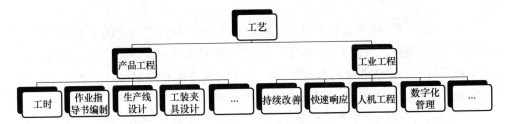

图1.8 工艺由工业工程技术和产品工程技术构成

注：有些企业将工时和作业指导书编制归入工业工程类，并非一定要归入产品工程，本书归入产品工程，因为和产品强相关

表1.1 工艺的具体核心事务

事务	事务类型	主导部门	
工艺守则/规范	产品工程类	工艺部	
样品承认	产品工程类	研发部	释放量产后工艺主导
制程失效模式分析	产品工程类+工业工程类	工艺部	
开、改模具/机械加工/焊接等	产品工程类	研发部	释放量产后工艺主导
生产工位器具制作	产品工程类+工业工程类	工艺部	
工艺路线维护	产品工程类	工艺部	
质量用具制作	产品工程类	质量部	质量提出，完全由工艺执行
生产技术支持	产品工程类	工艺部	
工程变更	产品工程类	研发部	释放量产后工艺主导
作业指导书	产品工程类+工业工程类	工艺部	
工时	产品工程类+工业工程类	工艺部	
生产线设计	产品工程类+工业工程类	工艺部	
物流周转	产品工程类+工业工程类	工艺部	
持续改善	产品工程类+工业工程类	工艺部	
操作员工培训	产品工程类+工业工程类	工艺部	
制造能力成熟度评估	产品工程类+工业工程类	工艺部	
工艺数字化管理平台开发	产品工程类+工业工程类	工艺部	

1) 工艺守则/规范：基于企业层级的管理守则/规范而制定的工艺部门级别的工艺守则/规范，包括工艺的定位、工艺人员的职责和权限、工艺业务部门级别的衡量标准、工艺业务的流程图等，以达成有序地开展工作（在数字化时代尤其重要），它是一份工艺工作如何开展的程序文件。

2) 样品承认：即生产件批准程序的精简版（在第2章的产品类工艺中会详细描述），产品在小批试生产前，零部件要做好承认，否则属于非法试生产。该工作在新产品释放量产前，由研发部主责，工艺部做了大量的工作，在新产品释放量产后，由工艺部主责，工艺部的工作量更大了。

3) 制程失效模式分析：和古语说的"三思而后行"是一个意思，即提前想到产品制造过程中会有哪些制造问题，用哪些防呆或自动化的手段来确保避免这些问题，是重点考虑的方向。

4) 开、改模具/机械加工/焊接等：工艺要负责各类零部件的制造技术开发，工艺人员要突破固有观念，认为工艺仅仅是零部件制造技术的观点是狭隘的，零部件制造技术是工艺体系里的一个小分支。要做好工艺，就要有体系化思维，零部件制造是整个工艺体系里的一个节点。

5) 生产工位器具制作：工艺人员需要为生产现场的工位制作用于零部件生产、装配的各类高效辅助工装夹具，只有懂得产品原理、动作分析、人机工程等知识才能做好这项工作，这是一个典型的产品工程和工业工程的融合事务。

6) 工艺路线维护：工艺人员需要定义产品制造的每个步骤，每个步骤要落实到现场哪个物理装备上。在数字化时代，尤其要注意不能在系统里建立虚拟的工艺路线编码，要一步到位地把物理装备编码建好，这样工艺人员通过直接选取该编码，可以去除虚拟编码这个中间层。

7) 质量用具制作：质量用具用于快速检查工位零部件是否合格。传统的做法是质量部拿到首个零部件，在检验室里花费一定的时间来检查这个零部件是否合格，合格后才能开始大批量生产。这段等待时间对生产来说是不可接受的浪费，工艺人员会设计快速检具以避免浪费这段时间。理想的状况是，质量部应有专门的检具设计工程师，实际状况却是大量企业的质量部不具备这种能力，该事务基本上全部由工艺部来执行。

8) 生产技术支持：即分析产品质量问题。没有一个产品质量问题是由质量部分析出来的，这是因为质量部很少懂产品技术而导致的无奈现实，而工艺部懂产品技术，可以分析出真因（将在第4章中以例子来充分讲述产品质量问题

第 1 章 工艺体系

真因如何找出来)。在很多企业里，工艺部被称为工程部似乎更贴切，因为它们专注于分析产品质量问题。

9) 工程变更：新产品释放量产前的变更由研发部内部处理，对制造端的影响较小，释放量产后的变更，无论是产品结构变更、操作手法变更，还是供应商变更，都会对制造端产生巨大的影响，如需要培训工人、试生产新零件、变更制造成本、旧料如何处理等，方方面面都要更改。这些烦琐的事务通常由工艺部来主导，工程变更窗口这个职位一般设置在工艺部，这是一个极其需要沟通协调能力的职位，深度实践了工艺的承上启下职能。

10) 作业指导书：在国家标准里称为工艺规程设计，分为各类卡片、操作步骤表、检验卡、调整卡等，在数字化时代下，一份作业指导书集成了为高效、高质量制造产品所需要的所有要素，不再割裂开来，作业指导书成为各类要素的结果展示。这种集成式作业指导书在当前数字化时代有一个时髦的称谓，即 CAPP。集成的好处是只要将一个作业指导书模板开发进入数字化软件平台，而无须将所有模板开发进入。作业指导书是工艺人员精进能力的必由之路。

11) 工时：工时是一切工作的基础，没有工时，所有的精益化改善都无法达成。工艺人员需要花费大量的精力在工时准确性的鉴定上，要摒弃计件制，因为计件制下的工时基本是错误的，把错误的工时输入了数字化平台，将对企业运营造成巨大的伤害。例如，实际生产一件产品只需 5min，而计件制下可能会是 20min，如果将这种工时输入数字化平台，则会导致给客户的交货期完全错误。

12) 生产线设计：在通常的思维里，生产线规划、设计似乎是工业工程事务，很多企业也把这个事务划归到工业工程部来执行。懂产品的工业工程人员还能设计，不懂产品的工业工程人员就难以设计出来，而由工艺部进行生产线设计是合理的，因为生产线设计是一个系统工程，不是画一张规划图就结束了，而是涉及产品在工位上的拆分、工时平衡、配套物料车设计等大量的产品知识。有关事项将在第 2 章中详细阐述。

13) 物流周转：在某些企业里设有专门的物流工程师职责设定，用于设计物料周转车、小火车送料频率、送料路线等。物流工程师想要做好相关工作，就需要精通产品制造技术，否则会无法设计出合理的周转车和路线，而这项工作属于工艺范畴。

14) 持续改善：持续改善通常由企业的精益办来组织推行。精益办的员工不用做具体的事情,而是组织大家进行各类持续改善方法的学习、组织会议等,具体落实到某个工位上的改善,需要工艺人员执行。例如,需要在工位上配置一套人机工程的斜坡工具(原先是平放,无法调整角度,员工操作需要扭曲肢体,见图1.9),这个想法由精益办提出,也不需要精益办人员进行设计,而是由工艺人员来完成。

图1.9　工艺人员执行精益办人员提出的改善

15)操作员工培训:通常意义上的操作员工培训是由企业的人事部组织,具体的执行是由工艺人员来完成,人事部只是组织方和发证方。在数字化时代下,人事部的作用将更加弱化,因为在系统里发布作业指导书时,系统会强控提交培训记录。为了作业指导书能够及时发布,工艺人员甚至无须经过人事部认可就主动把操作员工培训好了,人事部则主要负责发证的工作。

16)制造能力成熟度评估:优秀的企业会有一年一度的制造能力成熟度评估,类似《工业数字化本质:数字化平台下的业务实践》所提及的评估体制。工艺人员因定位于承上启下,最懂制造技术,故工艺人员既要接受评估团队对自身的评估,还要有能力对企业其他部门进行年度评估。

17)工艺数字化管理平台开发:该业务是数字化时代的显著特色,如图1.10所示,工艺的数字化是数字化转型中最艰难的一项业务(该结论在笔者的其他图书里已经反复论证),把工艺业务规则固化入平台极其需要体系化思维支持,工艺人员无须会编程,但是要把数字化需求说清楚,偏偏说清楚自身的数字化需求却很难,该能力需要重点培养。工艺仅仅专注于零件制造是远远不够的,工艺数字化平台将实现对制造提质降本增效的贡献。

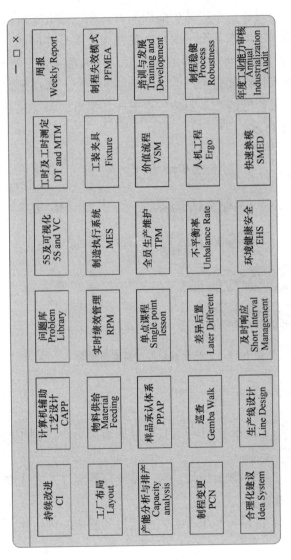

图1.10 专门的工艺数字化平台主界面

1.3 工艺核心事务在产品生命周期内的分布

工艺核心事务将体现在整个产品生命周期内。在产品开发阶段，工艺即深度介入，这也符合协同的要求，至于为什么要协同，要具体问题具体分析，有时是不需要工艺协同的；在新产品释放量产后，并不意味着工艺会无事可做，恰恰相反，工艺将进入持续优化阶段，经过长期的优化，解决了释放量产时的各类不稳定，最终达成稳健的产品制造，直至产品退市，为工艺全程介入产品生命周期，如图 1.11 所示。

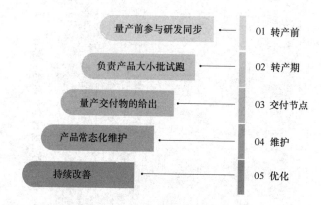

图 1.11 工艺全程介入产品生命周期

1. 转产前

（1）同步工程

同步工程在工艺国家标准 ［GB/T 24737（所有部分）］ 中明确定义为结构工艺性审查，分为如下三类。

1）工艺性审查：在产品设计阶段，对产品及其零部件工艺性进行全面审查并提出意见或建议的过程。

2）生产工艺性：产品结构的生产工艺性是指其制造的可行性、难易程度与经济性。

3）使用工艺性：产品结构的使用工艺性是指产品的易操作性及其在使用过程中维修和保养的可行性、难易程度与经济性。

国家标准是纲领性文件，要顾及全国企业的普适性。国家标准是第一层级的，各类地方标准、企业标准才是逐级向下分解的可执行标准。在实际工作中，知晓同步工程这个词语的来龙去脉,知晓这个名词从哪里来,要到哪里去,在实践中才不会偏位。

同步工程这一概念源于日本,从日本传到我国台湾省后,当地改成了并行工程,后来我国许多企业称为并行工程。无论哪种称谓,本质都是一样的,即让制造端早早介入设计端,从制造层面检查设计的结构能不能稳定地制造出来,尽快地实现新产品的量产导入,如图1.12所示。

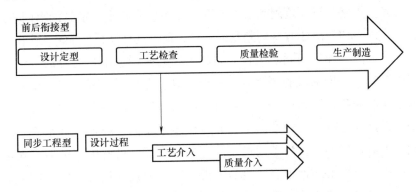

图1.12 同步工程型和传统前后衔接型的区别

同步工程来自日本,为什么不来自欧美国家、非洲国家呢?这是有历史、国情因素的。

众所周知,20世纪七八十年代,消费电子在日本强势崛起,既然是消费电子,必定是迭代优化非常快速的行业,竞争也是非常激烈的,同种类型的电子产品有多个厂家在生产,快速抢占市场以获得先入者利润非常重要,等大家都进入了市场,就已经从"蓝海"变成了"红海",利润非常微薄。20世纪90年代期间,流行播放磁带的日本随身听,有爱华牌、索尼牌、松下牌,非常精巧,音质也非常好,但是非常贵。只是,没过几年,这些电子产品的价格出现断崖式下降,又过了几年,MP3播放器横空出世,彻底地革了机械磁带播放器的命,现在还有几个人在使用这种磁带播放器,那绝对是情怀大家了。从历史发展的演进来看,所有人都知晓消费电子的升级换代何其迅速,而日本是消费电子的大本营,这个发达国家为了保持员工的高工资、产品的高利润,不得不想尽办法地加快产品开发周期,当然偷工减料是肯定不行的。此时,同步工程就应运而生,把原来前后衔接式的开发模式变成专业部门早期介入的同步模式,确实大大缩短了开发周期,而产品质量仍然是稳定的。

至此,在日本的这种国情下,消费电子行业只能走这条路径,欧美国家、非洲国家并不是消费电子主导,同步工程理所当然地不会发端于这些国家。

任何一个现象放到历史和国情下审视，就可以清楚明白地知道其发展的脉络。这印证了一直以来强调要以高瞻远瞩的眼光看待事物是多么重要。

我国产业门类齐全，不仅有消费电子，还有大量的传统工业，如航空、重工、能源、电气，这些行业的产品稳定是第一的，迭代优化反而是慢的，除非有颠覆性的物理突破，否则不会有产品结构的变化。例如，家里使用的墙壁插座正常承受10A电流，若这个仅能承受10A电流的插座非要用于16A的电气产品，就会发生短路，进而跳闸断电。所以，这些行业并不一定是渴求同步工程，而是稳定大于一切，除非有特别紧急的项目，但是这些项目是少之又少的。

除了行业门类导致的同步工程，同步工程的执行也不是绝对的。十几年前笔者工作期间，一个资深的咨询专家就说，设计做好了，根本就不要并行。笔者当时还无法理解，后来也开始做设计，因为懂得产品制造过程，故设计一次即成功。设计本身就要为制造服务，并行做多了反而会拉低设计水平。许多企业的设计人员水平不足，为了规避设计不好的责任，借着国家标准中规定了要工艺人员进行结构工艺性审查，自身不思进取，把设计检查的任务也交给了工艺人员，美其名曰"工艺要介入研发设计"，让工艺人员来审核研发人员的产品设计得好不好，这是严重的不负责任，第一，工艺人员不应审核产品设计好不好，产品设计的好坏应由研发人员把握，工艺人员关注的重点是制造过程；第二，国家标准规定的是工艺人员从制造层面上看产品，不是对产品性能进行审查。因此，设计人员不应让工艺人员来审核产品设计的好坏。

总之，同步工程是一粒药，是药三分毒，不适合全行业，适当的同步是需要的，要因地制宜，要结合产品行业特点、迭代速度、工程师水平来决定是不是要开展同步工程。

1) 参与零件制造可行性分析：分析零件结构是否便于利用现有装备完成制造，若无法制造出来，需订购新的装备。当然，工艺人员若有能力给予研发结构更改的建议以匹配当前制造装备，则是高水平的表现。注意，并非是审核设计功能好不好。

2) 参与产品制造可行性分析：提前甄别当前生产线是否可以承载该新产品，若无法承载，则需要立即列出清单，要么更改产品设计，要么专门订购新的生产线。

3) 前期关键质量控制（简称质控）点的收集：工艺人员和研发人员确认了产品功能点，基于产品功能点甄别零件级别的关键质控点和装配、测试级别的关键质控点，这些关键质控点不应局限于设计图上标准的关键要求，因为某些关键要求可能在制造端不需要控制，而某些非关键要求在制造端却又需要控制，所以如果让质量部找出关键质控点，他们会不假思索地认为图样上的关键要求就是其质量控制的关键点。

4）充分知晓产品设计过程重要问题的解决：为何需要知晓重要问题的解决，这是因为要确保产品设计过程中的重要问题已经得到了彻底的解决，而不是表面上的解决，以防万一有虚假的报告阐述了重要问题已经解决。研发部的一个重要的指标是新产品按时释放量产，工艺部在释放报告上签字后，一旦量产，问题又浮出了表面，此时为时已晚。

（2）制程失效模式分析

1）根据设计失效模式分析及组装关系图生成制程失效模式分析：新产品开发涉及设计失效模式分析，但是若所有的风险点都是由设计优化来克服的，可认为没有设计失效模式分析输入，此时组装关系图里的前后步骤就是制程失效模式分析的输入源。组装关系图如图1.13所示。关于单个零件的失效模式分析，合适的方式是在设计图上提取出所有尺寸和技术要求，然后对该尺寸和技术要求进行逐一排查，以确定制造上是否有风险。

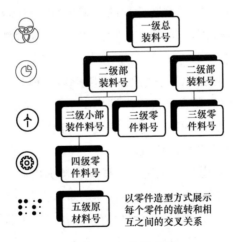

图1.13 组装关系图

2）确保研发人员给出的设计失效模式分析为产品交付物：即使是所有的风险都通过设计优化避免了，也不能免去交付设计失效模式分析报告的环节，因为该文件是强控的。

（3）样机作业指导书

1）确保研发的样机作业指导书的有效性：参考由研发制造工程师或为研发

19

并行的工艺部工艺工程师编制出来的样机作业指导书，可以制造出样机。样机作业指导书是简化版的量产作业指导书，着重于把样机制造出来，可以容忍一些工时信息、关键要求不全的情况。

2）样机工时的测定：样机工时不一定准确，但必须要有。该样机工时是由工艺工程师实践了整台样机制造后得出的，生产部的操作员工基于工艺工程师的指导，也实践了一遍，记录了样机工时。该工时可作为生产线建设、后期时间优化的输入源，也可用于生产周期的优化等。

（4）样品承认

1）接收并确认零部件样品承认书：在研发阶段的零部件认证需要由研发部来完成，完成后移交给工艺部，工艺部确认通过后，进行下一步的试生产。没有经过零部件承认就开始试生产，这严重不符合工业逻辑，就如孩子小学都没有毕业，就直接让他去上班。关于样品承认的细节，将在2.3节详细阐述。在释放量产后，工艺部全权负责工程变更中的样品承认。

2）上传样品承认书到系统中，用于后续入料检验：样品承认的管理系统是一个文件管理系统，来料时，质量部入料检验员打开该物料对应的样品承认报告，找到控制计划页面，参考控制计划的要求进行入料检验。上传样品承认书文档的工作由工艺部来完成，体现了工艺定方法、质量监督（即检验）的原则。

（5）研发工装

1）接收并确认研发工装的有效性，可用于装配样机：研发部一般会设有研发制造工程师，或者由研发人员自行设计样机工装。样机工装着重于辅助样机装配，较少考虑耐用性、经济性、操作简易等因素。工艺人员接收研发工装，用于自身和生产部装配出合格的样机。

2）基于研发工装考虑量产工装：在研发工装方案的基础上，根据耐用性、经济性、操作简易的要求设计量产工装方案。当然，若研发工装设计之初就考虑了耐用性、经济性、操作简易，就可以直接当作量产工装。

3）接收并确认研发工装的承认文书：工装的承认文书和产品性能关系紧密，即采用该工装做出的产品，经最终检验合格。承认文书的其他内容还包括工装的尺寸达到工装设计要求、工装的关键部件有承诺的寿命、工装的易耗部件可以迅速获得备件等信息。

（6）研发样品

1）确保在小批量产前研发样品已经封样、签字：工艺人员必须接到研发部给予的实物封样，而不能辩称零部件生产按照图样规定的要求来生产。图样是虚拟的，实物才是可以触摸的，后续有异常，可以查询实物作为对比的标准。样品标签要贴在实物上，其样式如图1.14所示。

量产零件样品标签			
型号		日期	
图号		图号版本	
料号			
变更单号		样品承认 □Y □N	
技术/研发		工艺	
质量		生产	

图1.14　样品标签样式

2）研发样品按时转交至质量部样品室：第一次的封样和释放量产后的常态化样品封样均由质量部保管。样品即使本年度没有任何更新，也需要年度重新承认一次，该任务由质量部完成。释放量产之后的工程变更封样由工艺部负责。除了质量部自行更新报告后的封样由质量部自行放置于样品室，任何时候的样品封样均由工艺部转交给质量部。

（7）开、改模具/机械加工/焊接等

1）方式一，工艺部下辖模具部。

2）方式二，为配套研发，工艺部管理模具进度。

本书推荐第二种方式。机械加工、焊接等非模具类业务需要工艺部来进行工艺参数鉴定，这是本职工作。

2. 转产期

（1）负责小批试生产（少数情况下由研发部负责）

1）召集研发部和生产部开启试生产会议：由承上启下的工艺部负责试生产，确保试生产的公平公正。若由研发部负责试生产，预想到的结果是基本没有任何问题或仅仅有一些不痛不痒的问题；由生产部负责试生产，基本全部都是问题。这是由于各部门的立场不一致，研发部想要按时把新产品释放给生产部，生产部想着做现有的老产品，倾向在新产品释放上设置极其严格的关卡，如配套新产品的新生产线效率不达标，生产部拒绝签字新产品释放量产，零件装配刚开始不顺手，生产部还是会拒绝签字。当由工艺部这个中间人负责试生产时，待两头都理顺了才能释放量产，工艺部背着高效、高质量制造的KPI。

2）试生产期间问题的收集，每日召开试生产会议，驱动问题的及时解决：属于工艺人员的项目管理职能，若缺乏该能力，工艺人员将两头受气，研发部不听从工艺部的安排,生产部不听从工艺部的指导。

3)试生产总结失败或成功,开展下一步行动:由工艺人员来确定试生产结果是相对公正的,只有中立方的"调停方案"才是公正的。

(2)工时统计

1)统计试生产期间的工时数据,用于量产线的设计:该阶段工时基于样机工时向前跨了一大步。在试生产评审会议上,该工时是重点关注的对象,因为一旦释放量产,生产计划的安排均按照该工时来安排,所以需要尽量确保工时的准确。

2)建立工时数据,每个零件或工位的工时分为增值工时、设计工时、运营工时(将在2.1节详述)三类:样机工时还没有把工时拆分出这三类,试生产的工时由工艺部专门的工时测定工程师来鉴定,以判断试生产期间的生产率(设计工时/运营工时)、生产线设计效率(增值工时/设计工时)和工业效率(增值工时/运营工时)。单独零件制造以零件料号为牵引建立工时,装配工位以工位号为牵引建立工时。

(3)量产工装

1)基于研发样机工装设计大批量生产工装,不限于测试工装:工艺人员基于耐用性、经济性、操作简易原则设计了辅助高效、高质量生产工装,简单的测试工装由工艺部自动化工程师设计,复杂的测试工装/设备需要由工艺部主责对外订购。

2)工装的认证完成:工艺部认证了工装的耐用性、经济性、操作简易性,获得生产部、质量部的认可,认证报告上应有这两个部门的认可签字。

(4)作业指导书

1)基于样机作业指导书编制量产作业指导书:该阶段的作业指导书已经充分展示了生产要素的方方面面,不仅仅是操作指导,还包括了物料、成品物料、关键质控点、工时、关键要点的解释、安全防护、使用的设备、使用的工具、在制品数量等各类要素,是真正的量产作业指导书,该版本的作业指导书需要由标准部门归档并正式发步,不能像在转产前可以任意更改。该版本的更改要走制程变更流程。

2)量产作业指导书获得生产和质量承认:如果没有数字化平台,线下打印出的作业指导书要有生产部和质量部的签字,以实践工艺定方法、生产执行、质量监督的闭环;如果有数字化平台,发布数字化的作业指导书需要在线签署到生产部和质量部,同时系统强控了提交培训记录,否则无法发布。

3）推动质量控制计划的编制完成：工艺部召集质量部，告知质量控制的关键要点均已经体现在了作业指导书里，质量工程师从作业指导书或制程失效模式分析报告里（两者同源）获取关键质控要求，编制装配级的控制计划，零件级的控制计划取自样品承认报告。

（5）生产线设计

1）基于试生产后的基础数据设计量产线：基于试生产的各类时间、物料供应等信息进行生产线的理论设计（2.4节详述生产线设计），在理论设计完成后，条件允许的情况下，再进行数字孪生搭建，以比较虚拟世界的生产线和理论设计值之间的差异，为差异找出改进点。该事务是工艺部责任相对比较大的事务，因为若投资了几百万的生产线架设后，生产率不达标，直接后果就是配套的新产品不能释放量产，研发部和生产部大概率会把这巨大的责任扣到工艺部头上，工艺部还只能憋屈地接受，所以每一家企业的工艺部都要极其重视生产线建设，来不得半点马虎。

2）自制或外购生产线均需要提交生产线设计方法论资料：生产线设计方法论资料是产品交付量产的必要输出物，且无论是线下还是线上，该资料由生产部签字完成才算提交成功，不是仅仅把文件存入网络公共盘。在数字化平台里，需要生产部人员在系统里签字，不能由工艺人员代签。

（6）操作员工培训

1）基于作业指导书培训操作员工正确操作：工艺人员在该阶段编制的作业指导书已经符合量产条件，培训操作员工也是为了高效量产，一般来讲，由人事部组织培训，工艺部执行对操作员工的培训、质量监督，完成之后，人事部发放员工资质证明，若有HR平台，应在平台里输入员工资质。该项事务的大量实质性工作由工艺完成。

2）针对关键岗位员工的重点培养：工艺人员并非一直要面对全体操作员工进行培训，工艺的培训优先级是从关键岗位到一般岗位。为让操作员工有职业发展的上升期望，工艺人员协助生产主管选定有潜力的操作员工，培训该员工成为某条生产线的操作培训师，由该培训师对生产线其他操作员工进行培训，专业的称谓是"对培训师的培训"。

3. 交付节点

（1）交付会议

1）官宣交付周期：该交付周期是基于工艺给出的计时制工时、瓶颈工位工时，经计划部门准确核算出来的交付周期，不是计件制工时。至于交付周期基于工时乘以多大的宽放系数，不是工艺部职责内的事，若计划部需要咨询，工艺部可以帮忙，工艺部可以定位于生产部的"保姆"，但不能是计划部的"保姆"。

2）明确并非是事无巨细的产品问题均解决才交付，微小问题允许后期解决：有些研发工程师知道上级领导不会相信项目释放量产时没有遗留问题，故意列了一些不痛不痒的问题当作微小问题，此时技术专家就需要鉴别这些问题到底是不是微小问题，若是充数量的，要剔除，若要把微小问题转化为重要问题，要明确地指出原因，举例说明，研发人员把包装还没有完全验证好放入了微小问题清单，待释放量产后再慢慢改进，此时技术专家就要指出，这个问题不能是微小问题，若发运到客户端的产品由于包装不当而碎裂了，将会导致巨大的损失，自己的产品需要重新生产并发运，销售要去赔笑脸，客户还不满意，所以鉴定微小问题是否要转化为重要问题，需要有体系化思维的技术专家来执行，技术专家可以是研发总工，也可以是工艺总工。

3）确定未来1.5年量产期间的研发支持人员：产品释放量产后，研发人员并非是彻底脱身，立即做甩手掌柜，研发人员在此期间尽管不是解决问题的主导方，但是仍然要全身心地支持工艺部进行产品问题的解决，在1.5年后，再行退出支持工作，毕竟宝贵的研发资源终究要用于价值更大的新产品开发。

4）确定未来1.5年量产期间的工艺部主要支持人员：工艺部有专门的产品问题主导解决人员，在此期间和研发人员一起解决产品质量问题，负责了大量工程变更的发起、执行、结束工作。基本上达成1.5年后，产品结构变更将非常少，可以顺利地进入优化阶段。

(2) 量产质量控制

1）推动量产统计过程控制（Statistical Process Control，SPC）管制的建立：基于工艺部给出的关键质控点，工艺人员推动质量部进行关键要点的SPC管制，由自动化设备取数是好的方式，若要手动取数，应确保巡检员是诚实可靠的。

2）推动质量控制手段的有效执行：工艺人员并非把质量要求给到质量部就万事大吉，而应该看到质量要求已经体现在了现场巡检的清单里（见图1.15），或者有数字化展示大屏展示当前的质量状况，执行后有衡量的标准。

(3) 量产生产线

1）量产生产线软硬件调试完成，验收通过：不光要有前述的生产线设计资料，基于设计资料而建成的实物生产线还应达到产能目标、设备稳定、保养便捷等要求，生产部门验收了工艺建设的生产线，即使有一些小问题，也不会影响到新产品释放量产。

IPQC巡检表

生产线:		日期:		巡检员:		审批者:		版本:	
工位	巡检项目	巡检描述	时间段						
			上午			下午		加班时间段	
			1/	2/	3/	4/	5/		

备注:1.此表由IPQC巡检员填写,IPQC助理或领班审批;
2.无异常项目在空格内填写"OK",有异常填"NG"。

图1.15　质量控制要求体现在了巡检表里

2）已经在量产线上通过了批量生产验证：该批量生产是小批量生产，若要纠结于大批量生产后才能通过，定义多少数量才算大批量生产？该定义是极其烦琐之事，会产生旷日持久的撕扯。纠结于大批量生产才能通过，那就没有小批量生产的意义，这是思维常识。生产部门不能为了不承担责任，而一再拖延验收生产线。

（4）物料控制

1）物料可以正常采购：正常采购代表物料的各类属性已经在企业资源计划（Enterprise Resource Planning，ERP）里建好，如采购合约、最小起订量、送货周期、价格、工艺路线等。

2）所有物料已经获得承认：这是关键的要求，没有承认过的物料不能入料到工厂里，即使采购部买到了收货区，也无法入库，用数字化手段可以强控该要求，即扫描该物料号，系统根据该物料号找到在系统里的样品承认报告，若无报告或报告未完成，就无法收货。

3）仓库已经能够识别并有效供给物料：工艺人员已经培训了仓库人员应如何识别出物料属于哪个产品、用在哪条生产线上、要送到哪个工位、工位上的放置位置、是否要拆包装送至生产线、如何使用物料周转车以保证零件在运输过程中不被损坏等。

4. 维护

（1）更新作业指导书

1）常态化更新作业指导书，每半月更新一次：正常情况下，更新作业指导书是一个常态化的过程，不可能有长期不更新的现象，除非该企业不出现问题。

2) 及时把生产问题解决方案反馈到作业指导书的更新中：根据流程，工艺工程师有清晰的认知，生产问题的解决和工艺有千丝万缕的关系，即使问题的纠正对策是对操作员工进行口头宣导甚至罚款，工艺仍然要考虑是否有更优化的操作方法可以避免口头宣导。该能力是一名合格的工艺工程师的基本修养。

(2) 工时研究

1) 有专门人员负责工时测定、更新，并得到生产线认可：在新产品释放量产后，一开始的量产工时总会有各种各样的不合理，如工时有水分、测算错误、工时不全等，工艺部有专门的工时测定专员在释放量产后常态化地测定工时。

2) 每年有5%的工时降低：即使是一开始挤水分，几年过后，工时的水分终究会挤光，此时就不得不采用更加优化的物理手段来降低工时，工时降低是工艺人员自然要背负的KPI，国家标准已经明确规定。

(3) 问题处理

1) 产品质量问题分析：无论是转产期、维护期，还是在优化期，质量部基本上都难以分析出真因，故重要产品问题的纠正对策均由工艺部给出。质量部在分析问题期间做配合工艺部的辅助工作，如对被怀疑的零部件进行了检验、执行了工艺部定义的返工方式、暂停了被怀疑为不良零部件的使用等。

2) 关键问题以8个维度的问题解决办法（Eight Disciplines Problem Solving，8D）报告的方式分析解决是KPI：由工艺人员分析出的关键问题真因可以用8D报告来展示（参考4.1节），质量部可以采用工艺部的分析报告整理成8D报告的样式，并非是事无巨细的问题都要有8D报告，微小问题简单分析即可，不可追逐8D的壳子。

(4) 技能培训

1) 培训师：工艺部门有设定专职的培训老师岗，按规定培训操作员工，人事部发证。若没有专职培训老师岗，工艺工程师也可以直接培训操作员工或操作员工的培训师。

2) 单点课程：常态化编写单点课程用于员工培训，单点课程是对某个关键要点的简单明了的解释，让操作员工迅速知晓关键要点的原因和如何执行好该关键要点，通常这类培训耗时5min，工艺人员编制单点课程是本职工作，不能仅仅在作业指导书里标注了关键要点后，就认为后续已经没有事了。

(5) 变更管理

1) 工程变更：在维护阶段，由工艺部按规定执行产品变更或制程变更，确保变更是闭环的，有变更窗口职位设定，涉及产品结构变更时，需要完成新结构零件的样品承认，在工程变更闭环里强控。

2) 年度变更有效关闭率是KPI。

(6) 制程失效模式分析

1) 每半年执行一次制程失效模式分析，以提高制程稳健能力：制程失效模式分析不是一件孤立的事，该事务由工艺部主导，召集各个部门开会共同商定风险等级，制程失效模式分析是整个制程稳健体系里的一环。

2) 推动以防呆或自动化方式来解决风险评估>120或100的问题点：工艺人员是实际的执行单位，需要设计各类工装夹具。高风险的对策不能是宣导或目视检查等强主观因素的对策。

(7) 工艺路线

1) 常态化维护物料流向、仓库位置、生产线位置：在维护阶段，工艺人员更多地识别出工艺路线的不合理甚至错误，例如，某零件样品承认报告里规定的加工设备是A设备，实际生产中却使用了B设备，导致精度难以达到要求，工艺人员就要分析出为什么不使用A设备，并给予相应的对策。

2) 为物料供给的优化建立基础：多工位加工的机械零件需要基于现场排程，定义出最合理的半成品路线；装配线所需要的物料落实到工位上而不是线头，为后续的小火车逐个工位补料提供了工位物料主数据。

(8) 产能与排产

1) 月底或月初给出生产线产能信息到计划，用于排产：计划所需的排产最基础的工时信息由工艺部给出，工艺人员统计了实际的产能和预计的产能，计划人员可以对当前产能的空闲状况一目了然，便于安排新的订单。

2) 基于未来产量，提前知晓新增或减少投资：基于市场部的滚动订单，工艺人员将计算现有产能能否满足未来的需求，若不能满足，应立即投资新的装备，不能等到接到了大订单后，发现工厂产能不足，不能按时交货给客户。

5. 优化

(1) 持续改善

1) 每个工艺部员工以周为计量单位，有接地气的改善：在一段时间内，解决了新品释放量产后的大量产品问题后，产品制造趋于稳定，工艺部的大部分精力转投入持续优化工作,以期达成高效、高质量、低成本的制造。持续改善日常的制造技术,是达成企业战略目标的坚实手段。

2) 改善折合财务节约,是调薪的依据:改善需要和利益相关者利益共享,例如,一个工艺工程师的年薪是10万元,该员工为企业创造的年度价值应为10万元×10=100万元,超过100万元后的价值才是调薪的参考数据。

(2) 物料供给

1) 优化精益生产补料频率、路线:确保补料小火车的利用率是充分的,不能出现空驶。

2) 设定物料主数据、看板和配料的清单:实现精益生产,需要大量的看板制属性物料,少量的配料制属性物料,物料属性由工艺部基于价值和使用频率来定义。

3) 持续改进周转小车以提高配料效率:新设计周转小车或改进现有的周转小车,或改进周转路线,以获得精准的配料,保证配料到生产线工位时,工位的上一批物料刚刚消耗完。

4) 持续取消木托盘供料:把如此细碎的事务专门列出,是因为我国企业喜欢用木托盘运送物料,如图1.16所示的场景是仓库人员把物料放在木托盘上,然后用手动叉车顶起木托盘,人工运到所需物料的工位上,放下木托盘,把手动叉车拉回仓库,这种情况极度耗费体力而且效率很低,属于典型的吃力不讨好的事情。工艺人员需要设计专门的周转车来进行零部件的转运,用小火车来拉动,一次就补全了全厂需要的物料,无须人员来回奔波。

图1.16 极其低效和不安全的木托盘送料

(3) 人机工程

1) 人机工程评估:由环境、健康、安全(Environment、Health、Safety,EHS)部门负责人机工程评估,工艺人员具体执行改善,以增加员工舒适度和提高生产率。

2) 践行把人的效能发挥到最大，人本质上是最高端装备。

(4) 快速换型

1) 建立内部时间切换成外部时间的方法论。

2) 快速换型适应了小批量多品种的生产需求。

(5) 价值流程

1) 进行每半年一次的价值流程绘制和改进，推动制程周期效率的提升：工艺人员（有时是精益办人员）基于准确的工时来绘制任意时刻的现场拥堵状况，计算出制程周期效率（在3.2节详述），集体商定改善措施及未来的制程周期效率。

2) 延伸价值流和厂内价值流同等重要：延伸价值流一般由供应链管理部门在供应商处实施，厂内的工艺工程师或精益办人员需要协助供应商，最终达成供应商处和自身工厂内都没有拥堵。

(6) 智能制造

1) 着力发掘智能制造改进点，践行制造业数字化转型行动：工艺作为制造技术的源头，自然有义务思考先进制造技术的应用，需要紧跟智能制造技术的发展，发现适用于本企业的智能制造技术，大力推动导入本企业。

2) 智能制造基础数据的研究和提供：再高端的智能制造装备，没有先期基础数据的输入也无法发挥出效能，例如，由于生产线设计不严谨，导致价值几千万元的高端智能生产线的利用率很低，长期落灰，而折旧却依旧。

(7) 数字化转型

1) 把工艺部优秀的管理思路固化入数字化平台：工艺部要甄别自身的核心业务及其KPI，绘制核心业务的跨部门、跨阶段流转图，线下执行到位后，把核心业务开发进入数字化平台，以数字化平台驱动工艺业务更高、更快、更强发展。

2) 实现CAPP：CAPP即对现有优秀作业指导书进行反向拆解，开发进入数字化软件平台里，在平台里的这些数据可以端到端贯通。以CAPP为中枢，控制了生产制造的方方面面。这是工艺人员在数字化时代的必修课，不能把CAPP缩水成一个在线编辑作业指导书的工具。

(8) 制造能力成熟度评估

1) 有端到端的工业逻辑能力：工艺人员不能守着自己的"一亩三分地"，

工艺部是企业里最需要跨部门沟通的部门，在长期的工艺实践中，优秀的工艺人员定会建立起自身的端到端的底层工业逻辑，该底层工业逻辑就是数字化转型的地基。

2) 有能力进行自我审查和跨部门审查：鉴于底层工业逻辑，工艺人员就如践行"批评与自我批评"，可以对本部门和协作部门进行工业逻辑的审查，在管理完善的企业里有年度工业能力审核，工艺人员是审核团队的核心。

本节通过第一层级的工艺定义，层层分解到工艺到底有哪些核心业务，展示了核心业务在产品生命周期内如何分布，形成了有纵向深度和横向广度的工艺体系。在数字化时代，工艺已经不是狭隘的仅仅是制定制造参数的一个过程，而是延伸出了各个知识门类，这些知识门类有些是我国工业发展自行演进出来，有些是舶来品，共同形成了数字化时代的工艺核心业务。

下面介绍这些核心业务在数字化时代应该如何管理，业务应该如何流转以实现未来在数字化平台里的固化，以及工艺应该如何管理。

1.4 实践中工艺的管理办法

1.4.1 工艺的组织架构

图 1.17 所示为先进企业的工艺组织架构及汇报线，有如下要点。

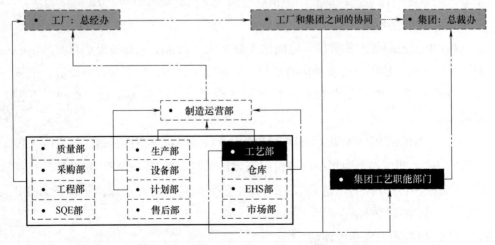

图 1.17 先进企业的工艺组织架构及汇报线

1）工艺部和生产部是并行的，为了更好地为制造服务，工艺部和生产部又属于制造运营部管辖，当然也有企业把工艺部设置为直接汇报总经办。

2）基于1），工艺和生产、设备、计划、仓库在企业架构里属于三级部门，但是不代表重要度降低，恰恰相反，就是因为重要度高，才专门把这几个部门打包成制造运营部，还为此违背了扁平化原则。

3）先进企业的工艺部有两条汇报线，厂内的汇报线是传统的方式，若是集团公司，工厂的工艺部要汇报至集团工艺职能部门，集团工艺部的职能是协助工厂工艺更好地开展工作，定位于管理、技术支持、学院。

4）由图1.17可以看出，工艺部门扎根于制造技术，主要精力为保障高效、高质量制造，次要精力为配套产品开发，建议每家企业的研发部内部设置研发制造工程师这个职务，不能没有这个职务，打着团结合作的名义把工厂工艺部拉进去做同步工程，这是不负责任的做法。

1.4.2　工艺核心业务的流转

工艺体系不是一个独立的存在，而应嵌入整个运营流程。正是由于工艺体系的存在，保障了产品从立项、设计、小批验证、量产发布、持续优化等过程中的稳定、连续、可控。

体系不是一个虚幻的名称，真正的工艺体系是简单明了的。以下为以某企业的工艺核心事务在设计、制造体系中的端到端流转来阐述工艺体系，读者可以根据各自业务实际来绘制流转蓝图。蓝图是跳一跳够得着的，不是好高骛远的。

图1.18~图1.23所示为工艺体系里的部分核心业务的跨部门、跨阶段流转图。每张流转图都极其复杂，本书没有放全这些业务流转图，是想要读者在阅读了业务流转图后，自行思考绘制各自企业的流转图，该流转图非常重要，未来数字化软件平台的线上蓝图就是基于该线下蓝图绘制。

尤其要注意基于日常的工作开展，最终会进行一年一度的能力评估，在流转图里要体现年度评估，具体评估办法不再赘述。

1.4.3　基于核心业务的工艺人员管理

核心业务定义清楚后，在当前数字化时代，需要一步到位地践行充满获得感的数字化管理。把核心业务的比例分派到每个工艺人员当月的工作日历里，比例总计100%，见表1.2。

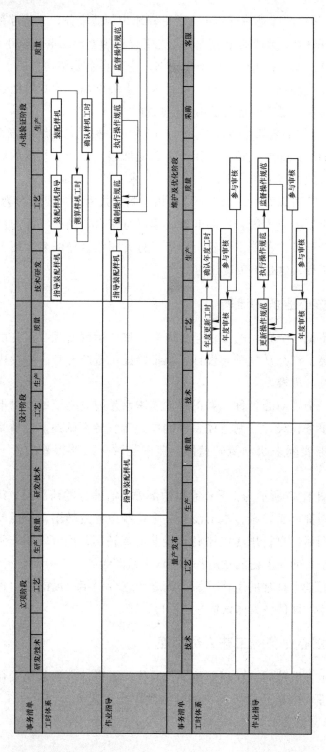

图 1.18 工时和作业指导书跨部门、跨阶段流转图

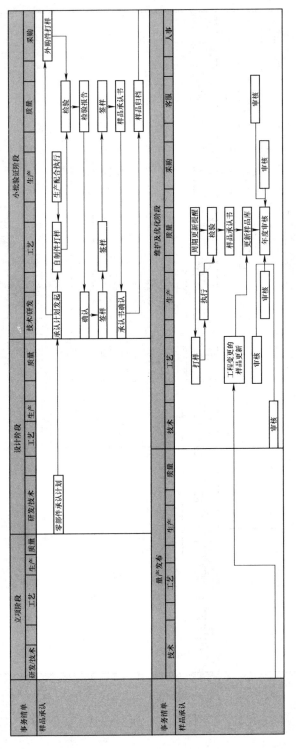

图 1.19 样品承认跨部门、跨阶段流转图

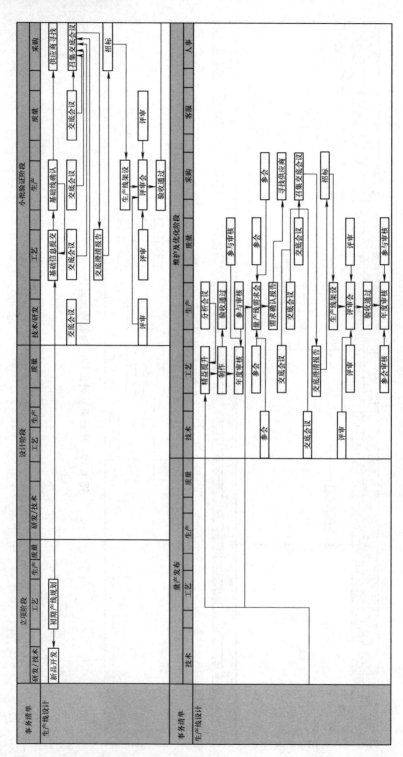

图 1.20 生产线设计跨部门、跨阶段流转图

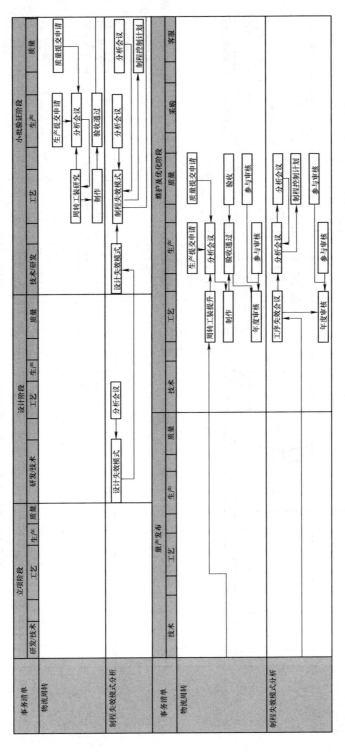

图1.21 物流周转和制程失效模式分析跨部门、跨阶段流转图

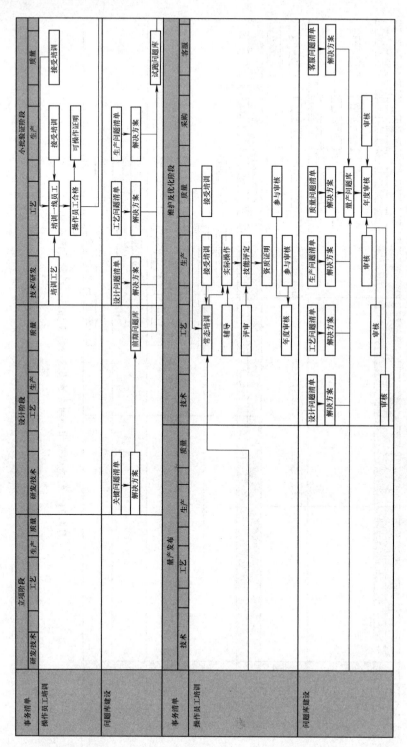

图 1.22 操作员工培训和问题库建设（属于质量）跨部门、跨阶段流转图

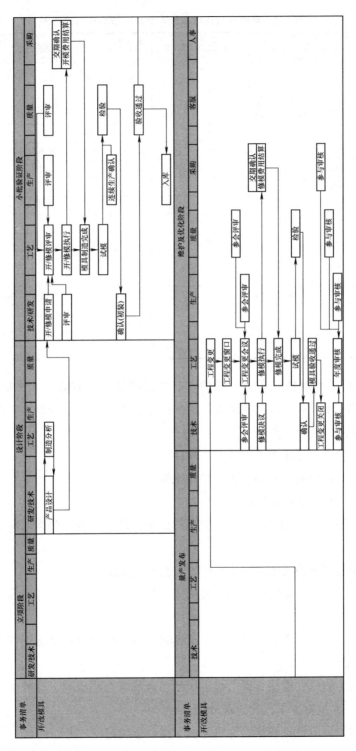

图1.23 开/改模具跨部门、跨阶段流转图

表 1.2 管理者给各级工艺人员设定核心业务的比例

核心业务	人员 1	人员 2	人员 3	人员 4	人员 5	人员 6	人员 7	人员 8	人员 9	人员 10
业务 1		5%	5%				50%	50%	40%	20%
业务 2						70%	5%	5%	5%	5%
业务 3		10%	10%							
业务 4	10%	15%	15%	5%	15%	5%				
业务 5		5%	5%	5%			5%	5%	5%	5%
业务 6	20%	15%	15%	15%	20%	20%	20%	20%	20%	15%
业务 7	10%									
业务 8	60%	15%	15%	15%						
业务 9		5%	5%	5%	5%	5%	5%	5%	5%	5%
业务 10										
业务 11				40%						
业务 12									15%	
业务 13		10%	10%							
业务 14		15%	15%				10%	10%	5%	5%
业务 15										40%
业务 16		5%	5%	15%			5%	5%	5%	5%
业务 17					60%					

自行开发的卓越工业平台里的实时绩效模块可以有效承载该数字化管理，界面如图 1.24 所示，可以参考该方式自行开发适合于企业的员工管理平台，该平台的优势如下。

1）管理者创建事务类型并写入软件平台。

2）每月底设定下月的事务类型和比例。

3）事务类型和比例关联员工绩效工资。

4）根据当前时刻完成的事务类型和比例，员工时刻知晓当前时刻的个人绩效分数。

5）任何事务的关闭需提供有图、有真相的证据。

6）除了系统自动指派每周、每两周、每三周、每月的任务，支持员工自我创建任务。

7）实现了事务查看的扁平化，高级管理层可以看到最基层工程师的工作状态和当前绩效。

8）员工的绩效根据直属上级所指派任务的按时完成率、达成率、平均得分而计算出，大量减少了人为主观分数。

9）驱动员工自我鞭策，努力完成工作日志规定的任务。

10）绩效分数由平台自动生成，月底自动把绩效考核发送给人事行政部。

11）高效创建任务，30s即可创建一个任务，创建任务的效率和在Excel表格中记录事务的耗时是一样的，数字化软件平台的操作没有降低员工效率。

12）主要任务自动进入周报界面，自动创建周报。员工痛恨线下手动周报，数字化时代的来临，彻底释放了员工写周报的时间，因为对于数字化软件平台来说，都已经有了日常任务的输入，周报自然而然只要取数进行报表输出就可以了，彻底解决了内卷的周报问题，前提是软件已经清楚定义了周报在日常事务中的取数逻辑，员工即使没有手工填写周报，也可以由软件自动生成周报，并自动提供给管理者（见图1.25和图1.26）。

1.4.4 基于核心业务的工艺人员能力晋升机制

以核心业务为出发点，在数字化时代，让员工清楚明白地知晓自身拥有了什么能力，就可以获得职务上的晋升，进而获得薪资增长，可以参考《智能制造能力成熟度模型》（GB/T 39116—2020）的评估方式，构建工艺人员充满获得感的晋升机制（见表1.3）。

表1.3 智能制造能力成熟度模型界面

能力子域	一级	二级	三级	四级	五级
工艺设计	a）应基于产品设计数据开展工艺设计和优化 b）应制定工艺设计过程相关规范，并有效执行 c）应建立工艺文档或数据的管理机制，能够对工艺信息进行记录、查阅和执行	a）应基于计算机辅助开展工艺设计和优化 b）应基于典型产品或特征建立工艺模板，实现关键工艺设计信息的重用 c）应实现工艺不同专业之间的并行设计	a）应通过工艺设计管理系统实现工艺设计文档或数据的结构化管理、数据共享版本管理、权限控制和电子审批 b）应建立典型制造工艺流程参数、资源等关键要素的知识库，并能以结构化的形式展现、查询与更新 c）应基于数字化模型实现制造工艺关键环节的仿真分析及迭代优化 d）应实现工艺设计与产品设计之间的信息交互、并行协同	a）应实现基于模型的三维工艺设计和优化，并将完整的工艺信息集成于三维工艺模型中，如工装、工具、设备等 b）应基于工艺知识库的集成应用，实现工艺流程、工序内容、工艺资源等知识的实时调用，为工艺规划与设计提供决策支持 c）应实现基于三维模型的制造工艺全要素的仿真分析及迭代优化 d）应基于工艺设计、生产、检验等系统的集成，通过工艺信息下发、执行、反馈、监控的闭环管控，实现工艺设计与制造协同	a）应基于工艺知识库的集成应用，辅助工艺优化 b）应基于设计、工艺、生产、检验运维等数据分析，构建实时优化模型，实现工艺设计动态优化 c）应建立工艺设计云平台，实现产业链跨区域、跨平台的协同工艺设计

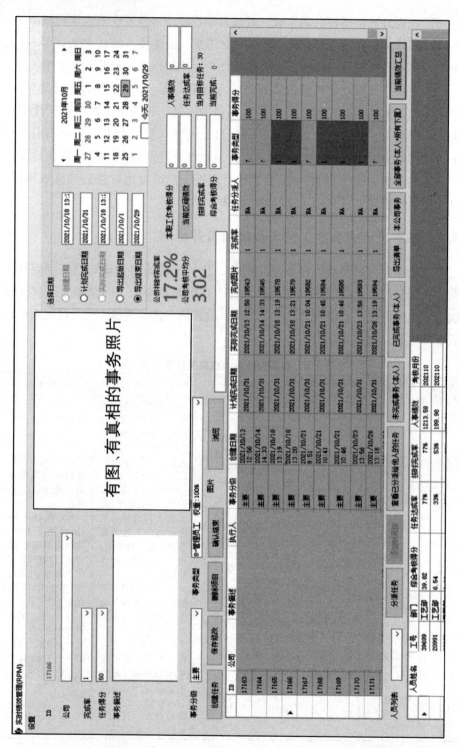

图 1.24 先进的实时绩效管理模块

第1章 工艺体系

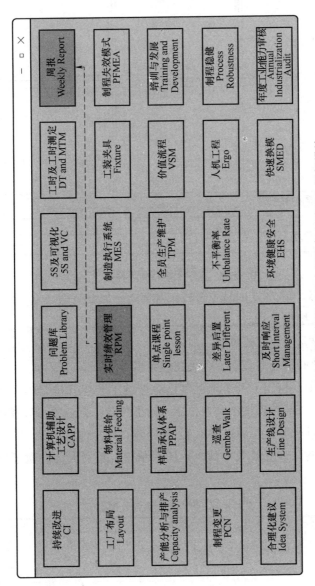

图1.25 实时绩效管理模块里的主要事务自动进入周报模块

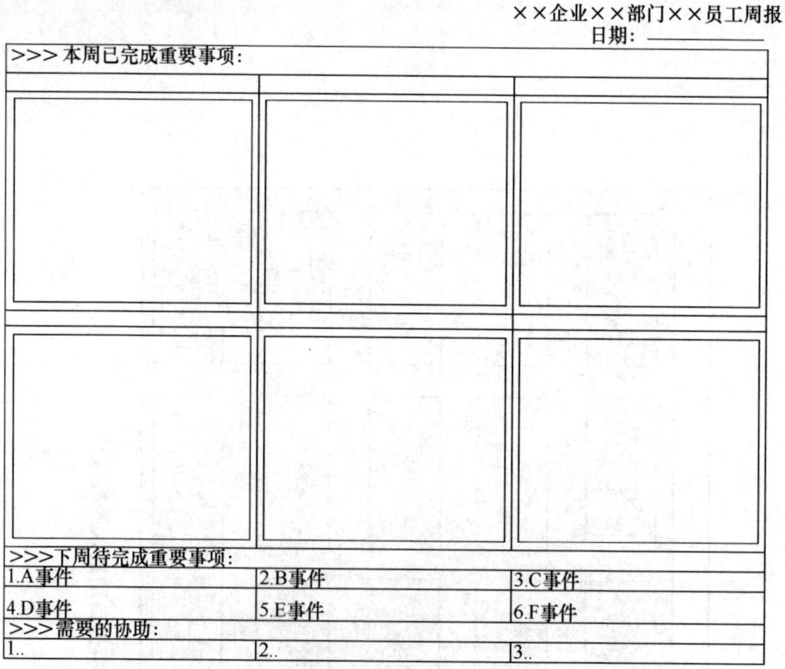

```
                                        ××企业××部门××员工周报
                                        日期：
>>>本周已完成重要事项：
┌─────────────┬─────────────┬─────────────┐
│             │             │             │
│             │             │             │
│             │             │             │
├─────────────┼─────────────┼─────────────┤
│             │             │             │
│             │             │             │
│             │             │             │
└─────────────┴─────────────┴─────────────┘
>>>下周待完成重要事项：
1.A事件         2.B事件         3.C事件
4.D事件         5.E事件         6.F事件
>>>需要的协助：
1..             2..             3..
```

图 1.26 主要事务自动生成周报

构建类似国家标准样式的员工晋升机制要遵循如下原则。

1）工作难度层层递进。

2）职务等级基于工作难度一一对应。

3）以工艺核心事务为牵引，少关注边缘事务。

基于以上原则，构建了一个离散制造企业的工艺晋升机制体系例子（核心业务些许不一样），简单直接不绕弯，能力向下覆盖。企业也可以参考此方式建立其他部门的晋升机制，界面见表1.4。

注意：离散制造难度最大，其次是流程制造，本书大部分例子以离散制造为背景。

表 1.4 工艺人员岗位晋升模型

核心业务	岗位类别	助理工艺工程师	工艺工程师		高级工艺工程师		资深工艺工程师		工艺专家	
									工艺经理	资深工艺经理
		工资	工资	工资	工资	工资	工资	工资	工资	工资
		E1	E2	E3	E4	E5	E6	E7	E8	E9	M1	M2
作业指导书	产品工程师										

(续)

核心业务	岗位类别	助理工艺工程师	工艺工程师		高级工艺工程师		资深工艺工程师		工艺专家	
									工艺经理	资深工艺经理
		工资	工资	工资	工资	工资	工资	工资	工资	工资
		E1	E2	E3	E4	E5	E6	E7	M1	M2
工时	精益工程师									
物流周转	工装工程师									
…	…									

对表1.4中各分项的详细解释如下。

1）作业指导书。

E1：可以在工程师指导下完成作业指导书的编制。

E2：可以独立完成作业指导书的编制，内容水平达到概念级。

E3：可以独立完成作业指导书的编制，内容水平达到基本级。

E4、E5：①可以独立完成作业指导书的编制，内容水平达到标准级；②可以制作PLM（Product Lifecycle Management，产品生命周期管理）中的样机作业指导书，参与同步工程。

E6：有各类问题联动到作业指导书的素养和实操经验。

E7、E8：①有能力指导各级工程师开展作业指导书的编制；②自身编制作业指导书的水平达到高级；③有能力基于现状设定各种作业指导书模板。

E9：自身编制作业指导书的水平达到专家级。

M1：①有作业指导书体系化的工业逻辑关系；②能够推动结构化作业指导书，知晓运作逻辑。

M2：①能够培训各级员工作业指导书的工业逻辑；②能够推动结构化作业指导书，精通运作逻辑。

2）工时。

E1：知晓工时概念，能够在工程师指导下完成工时录制。

E2：知晓工时拆分原理，可以拆分出增值工时、设计工时、运行工时。

E3：①知晓单独零件的工时拆分，懂得计算生产率、工业效率、生产线设计效率、辅助效率；②有基本的概念基于效率分析，能提出初级的自动化手段。

E4：能够对处于研发阶段的零件进行制造工时预估。

E5：①能够建立产品的工时矩阵表，可以根据工时平衡自创产品模块；②及时完成PLM中的工时任务。

E6：能够给自动化组常态化提出工时降低方案。

E7：可以分项完成年度工时降低5%。

E8：可以整体完成年度工时降低5%。

E9：可以在新产品释放量产后半年内，达成整体工时降低10%。

M1：①掌握工时管理体系化的工业逻辑关系；②能够辅导各级员工达成工时目标。

M2：①能够驱动、协助团队达成企业设定的工时降低目标；②有能力设定工时管理目标。

3）物流周转。

E1：知晓精益拉动概念，在工程师辅导下可以完成基本的周转车设计。

E2：能够识别被转运零件的关键防护要求，并给出初步的防护对策。

E3：①周转车的方案充分考虑了生产节拍；②按时完成PLM中的物流工装任务。

E4：①周转车的方案充分考虑了人机工程；②周转车达成了显著的效率提升。

E5：周转车的方案充分考虑了低成本自动化。

E6：有能力自行发起工装的设计并推动投入使用。

E7、E8、E9：有能力应用行业内先进的自动化物流周转车。

M1：能够指导各级员工设计简单、低成本自动化、高级自动化的物流周转。

M2：能培训各级员工物流周转的工业逻辑关系。

4）生产线设计（不涉及E1~E3）。

E4：①懂得把产品生产节拍提供给生产线制作商；②只能依靠供应商提出的方案来进行生产线设计；③前端设计期间的规划研究。

E5：①有能力编制生产线技术协议，能够和生产线制作商进行技术交底；②有线平衡的理念；③及时完成PLM中的生产线规划任务。

E6：①知晓如何设定看板物料和配料物料；②有线平衡理念；③有生产线布局的全局观。

E7：①有初步的生产线设计方法论能力；②年度生产线设计审核达到概念级。

E8：年度生产线设计达到基本级。

E9：年度生产线设计达到标准级。

M1：①有生产线设计方法论理论体系；②能够在生产线设计中充分考量智能制造手段。

M2：①能够培训各级员工、跨部门员工生产线设计工业逻辑；②知晓自动化仅仅是手段，不影响生产线设计的工业逻辑。

5）制程失效模式分析（不涉及 E1、E2）。

E3：①懂得制程失效模式的来源有设计失效模式和装配步骤；②在高级工程师或经理的指导下可以开展制程失效模式分析。

E4：按时完成 PLM 中的制程失效模式分析任务。

E5：①有能力驱动每半年一次的制程失效模式会议；②能够驱动防呆和自动化方案的定论。

E6：驱动了防呆和自动化手段的按时导入。

E7：①驱动了逐年增加的防呆地图；②年度制程失效模式分析审核达到概念级。

E8：年度制程失效模式分析审核达到基本级。

E9：年度制程失效模式分析审核达到标准级。

M1、M2：①驱动经过制程失效模式分析而形成的改进手段得到了跨部门的认可，并且有效导入；②有制程失效模式分析的工业逻辑，可以培训各级别员工和跨部门员工。

6）持续改善。

E1~E9：各级别员工达成了工业平台中每三周一个"接地气"的改善。

M1：①可以辅导员工正确开展改善活动；②充分参与了生产部降本增效项目。

M2：①有改善系统方法论，能够培训各级员工；②驱动了年度改善目标的达成。

7）管理/团队协助能力（不涉及 E1~E6）。

E7：属于项目主任，有效带领员工走向项目成功。

E8：属于项目负责人，推动各个部门按时完成任务。

E9：①有效跨部门沟通以推进项目进展提前完成；②有培养团队的能力。

M1：①工程师和经理各司其职，没有本末倒置开展工作；②能够建立局部工艺管理体系；③年度员工流失率小于 20%。

M2：①能够建立整体的工艺管理体系；②能够培养各级别员工工艺管理体系。

8）操作员工培训。

E1：每月有一个单点课程编制完成。

E2、E3：有能力对新操作员工进行操作培训。

E4：工艺人员在新品试生产期间对操作人员进行了有效培训，有培训有效证明。

E5：①有能力对新老操作员工进行能力矩阵鉴定；②能够编制能力矩阵表。

E6~E9：①有能力对工段长进行制造方法论培训；②能够绘制操作员工学习曲线，并驱动迅速提升熟练度。

M1、M2：有证据显示培训达成了质量提升、效率提升。

9）开/改模具。

E2：①有初步的研发阶段零件工艺审查能力；②有意识模具寿命基于市场需求量定义；③了解并初步应用高分子材料属性。

E3：有基本的审查研发阶段零件结构是否合理的能力，能够给出设计改善意见。

E4：①能够编制基本的开模检讨书；②开/改模进度匹配 PLM 进度要求。

E5：能够编制颗粒度更深的开模检讨书，如拔模起点、水路要求、关键控制、插破角度、材料牌号等因素。

E6：释放量产后的开/改模具均通过正规的工程变更流程流转，无不符合项。

E7：①有能力辅导各级员工进行开/改模检讨；②能够根据产品不良分析到模具修改方案，有符合逻辑的分析报告（参考 4.1 节）。

E8、E9：能够指导模具工厂按照技术要求进行开/改模具。

M1、M2：有模具开发的理论体系，能够培养各级别员工。

10）生产工位器具制作。

E1：可以在工程师指导下完成设计。

E2：①能够独立设计简单的工位器具；②研发阶段的工位器具进度匹配 PLM 中要求的进度。

E3：①能够基于人机工程评估来设计工位器具；②基于生产线申请的工位器具按时完成。

E4：①在工位器具的设计中充分考量低成本自动化的应用；②年度主导或

参与完成自动化单元装备1套。

E5：①年度主导或参与完成自动化单元装备2套；②能够反馈研发部关于设计为自动化服务的要求。

E6：年度主导或参与完成自动化单元装备3套。

E7：①年度主导或参与完成自动化单元装备4套；②自动化单元技术协议编制是基于小型版生产线设计方法论。

E8：有应用机器人的能力，自行设计自动化方案，不依赖于外部供应商。

E9：自行设计的机器人方案年度投产1套。

M1：常态化带领团队进行自动化诊断，评估自动化可行性。

M2：①自行诊断后的方案得到切实执行，在年度内导入；②有能力培养各级员工自动化方案的素养。

11）常态焊接调试。

E1：在工程师指导下完成焊接调试。

E2：量产期间的焊接调试及时完成，不影响首检进度。

E3：①没有因焊接调试不良导致的工时转嫁；②研发阶段的焊接需求进度匹配PLM中要求的进度。

E4：有专业能力达成焊接工艺鉴定。

E5：能编写焊接工艺验证计划。

E6：①能够提出焊接方面持续改善点；②能够评审研发阶段的焊接设计。

E7~E9：①能够自行设计高效焊接工装；②能够根据产品不良分析焊接改进方案，有符合逻辑的分析报告。

M1、M2：能够指导各级员工开展焊接调试，有体系化的焊接知识。

12）工艺路线维护。

E1：知晓工艺路线的概念。

E2：在高级工程师指导下能够维护工艺路线。

E3：①新品释放量产时，工艺路线维护事务进度匹配PLM中要求的进度；②能够基于现有生产能力制定外购、自制或外协方案。

E4：工艺路线维护细化到工位和库位。

E5：精通制造BOM维护，精通加工手段和物料流转。

E6：能够审核设计方案中的工艺流转经济性。

E7~E9：能够提出工艺路线优化方案并推动实施完成。

M1：能够指导各级员工开展工艺维护，有体系化的工艺路线知识。

M2：有例证证明工艺路线的优化显著提高了生产率和设计质量。

13）样品承认。

E1：懂得样品承认是精简版的 PPAP，主导是研发部，大量工作由工艺部和质量部完成。

E2：①研发阶段的样品承认工艺方面事务进度匹配 PLM 中要求的进度；②懂得样品承认体系，并在工作中充分践行。

E3：释放量产后的常态样品承认的工艺工作按时完成。

E4：能够辅导研发、技术、采购、质量、生产开展样品承认工作。

E5：推动样品承认体系开展，解决了实物尺寸问题和材质不匹配的问题。

E6：有例证践行了样品承认嵌入了工程变更。

E7~E9：有样品承认体系化的工业逻辑。

M1：推动了样品承认体系的关键零部件充分执行。

M2：推动了样品承认体系的全部零部件充分执行。

14）常态试模（不涉及 E5~E9、M1、M2）。

E1：①了解并初步应用高分子材料属性；②熟悉应用高分子材料属性。

E2：①研发阶段的试模需求进度匹配 PLM 中要求的进度；②有专业能力达成注塑、冲压工艺鉴定；③能够自行设计高效矫形工装。

E3：①能编写注塑、冲压工艺验证计划；②能够提出注塑、冲压方面的持续改善点。

E4：①能够调试注塑参数达成无须矫形工装；②能够评审研发阶段的塑料、钣金设计。

15）工程变更。

E1：知晓工程变更流转各个部门时的交付物。

E2：研发阶段的工程变更工艺事务进度匹配 PLM 中要求的进度。

E3：①释放量产后的工程变更工艺事务匹配 PLM 中要求的进度；②常态化参加工程变更评审会议，有例证。

E4：①没有因工艺问题导致工程变更执行失败；②自行发起的工程变更按流程按时完成。

E5~E9：能够基于工业逻辑来设定工程变更流转。

M1：有能力诊断出现有工程变更流程的不合理处。

M2：有能力推动现有工程变更流程更改得更合理。

16）电气业务（不涉及 E1）。

E2：参与自动化组工作，有和供应商电气技术交底的能力。

E3：能够对当前生产线电气设备提出备品备件的需求。

E4：能够维修研发期间的电气设备以保证研发进度。

E5：按时完成生产线申请的电气设备紧急维护。

E6：能够对当前电气设备提出预防性维护措施。

E7：①能够教导生产设备部自行维修电气设备；②有基本的可编程逻辑控制器（Programmable Logic Controller，PLC）编程能力。

E8~E9：能够给予自动化组专业的电气控制指导。

M1：能够指导各级员工开展电气业务，能够编制制造执行系统硬件需求。

M2：数字化、智能化制造的硬件需求编制和熟练应用。

17）质量用具制作。

E1：可以在工程师指导下完成设计。

E2：①熟悉几何公差，知晓几何公差和正负公差的转换；②研发阶段的质量试验用具事务进度匹配PLM中要求的进度。

E3：有能力和质量部检讨快速检具的设计要点。

E4：按时完成质量部申请的快速检具。

E5：有能力自行发现质量试验用具的改善点，提高效率。

E6：质量试验用具清单展现在量产零件控制计划表中。

E7~E9：因为快速检具的导入提升了生产率和检验效率，有例证。

M1、M2：有能力指导各级员工进行快速检具设计、制作。

上述内容从工艺的组织架构入手，层层递进，说明了在数字化时代下，一个优秀的工艺体系到底应该如何呈现出来，工艺应该如何有效地管理，让各级工艺人员都有晋升的盼头，一个优秀的管理者除了为企业着想，还要努力达成其下属的收益和企业收益的平衡。

当前的制造工厂里，要么没有工艺部，要么有工艺部但是工艺人员异常辛苦，时刻奔波以解决产品质量问题，似乎每个部门都可以把错误归咎于工艺，长此以往，连工艺工程师自身都会怀疑选择这个工种的正确性。

在此，结合以上篇幅可以知晓，在先进企业里，工艺有充分的制造权威，笔者在世界先进企业多年，亲身经历过，制造问题的解决对策由工艺部门给出，大家都等着工艺部门"投喂"，对工艺给出的解决对策深信不疑，是典型的工程师文化，甚至有其他部门的人员会主动申请到工艺部去历练，因为世界先进企业的工艺工程师通常会成长为工厂厂长或制造专家，虽然辛苦些，但是能够促进个人能力的巨大提升。

工艺的重要性在轰轰烈烈地推进数字化转型的时代愈显重要，路途艰难，本书送读者"三不要"，这"三不要"是某位国家级专家说的，如下：

1）不要在落后的工艺基础上搞自动化，需要补基础工艺和流程优化的课。

2）不要在落后的管理基础上搞信息化，需要补建立在现代管理基础上的信息化课。

3）不要在不具备网络化、数字化基础时搞智能化，需要补互联互通、透明工厂的课。

从上述"三不要"中，可以清晰地知晓工艺是当前工业数字化无可争议的瓶颈，要从底层抓起，一步步构建起工艺体系，接下来的篇幅就专门着重于如何构建底层的工艺体系，在底层稳固的基础上，再开展更高层次的工艺业务。

第2章 产品类工艺能力

每章开篇之前，总要在工艺国家标准中找到相应的说明或蛛丝马迹，因为有些在当下执行得比较频繁的业务，在国家标准中却是一笔带过，国家标准的编写者也很为难，为了让国家标准有普适性，删除了大量特定行业的工艺特色，留下了具有普适性和通用性的概念、方向、方法论。在读国家标准时，要结合国家标准的大政方针，找到符合企业自身的合适方法论，就如基于国家标准形成了行业标准，基于行业标准形成了企业标准，一级级地沉下去，才能建立起企业特定的工艺体系，不假思索地把国家标准复制过来，改个名字就成为企业标准，这是浮于表面的、极度不负责任的行为。

2.1 制造工时

2.1.1 工时类型选择

GB/T 24737.7—2009 对制造工时有如下描述。

1. 单件时间（用 T_p 表示）

单件时间由以下几部分组成。

1）作业时间（用 T_B 表示）：直接用于制造产品或零部件所消耗的时间。它又分为基本时间和辅助时间两部分，其中，基本时间（用 T_b 表示）是直接用于改变生产对象的尺寸、形状、相对位置、表面状态或材料性质等工艺过程所消耗的时间，而辅助时间（用 T_a 表示）是为实现上述工艺过程必须进行各种辅助动作所消耗的时间。

2）布置工作地时间（用 T_s 表示）：为使加工正常进行，工人照管工作地（如润滑机床、清理切屑、收拾工具等）所需消耗的时间，一般按作业时间的

2%~7%计算。

3）休息与生理需要时间（用 T_r 表示）：工人在工作班内为恢复体力和满足生理上的需要所消耗的时间，一般按作业时间的2%~4%计算。

单件时间可用公式表示为

$$T_p = T_B + T_s + T_r = T_b + T_a + T_s + T_r$$

2. 准备与终结时间（简称准终时间，用 T_e 表示）

工人为了生产一批产品或零部件，进行准备和结束工作所需消耗的时间，若每批件数为 n，则分摊到每个零件上的准终时间就是 T_e/n。

3. 单件计算时间（用 T_c 表示）

在成批生产中，$T_c = T_p + T_e/n = T_b + T_a + T_s + T_r + T_e/n$，在大量生产中，由于 n 的数值大，$T_e/n \approx 0$，即该项可忽略不计，所以 $T_c = T_p = T_b + T_a + T_s + T_r$。

工时极其重要，制造工厂从早上开工到晚上下班的8h内，时间是公平的，永远是一个定值，企业自然希望在固定的时间内，产出越多越好，当然，逼迫操作员工以更快的动作生产，在当前时代是行不通的，时代发展越来越文明，以技术手段来提升效率才是正确的发展方向。

准确的工时是制造工厂内一切业务的原点，基于准确的工时，才能有准确的排产、准确的交期、准确的改善节约、准确的价值流程等。在企业里，要如何获取准确的工时呢？

在回答这个问题之前，先来一段计件制和计时制的对比，如图2.1所示。

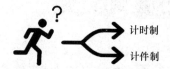

图2.1 纠结的计时制和计件制

为什么计件制在现今社会还广泛存在于制造业？这种不符合时代发展的现象有其存在的企业土壤，经大量调研，原因不外乎以下几类：

1）国内大部分上规模的非标产品生产是没有流水线的（外资企业均采用流水线分工的方式），员工在装配产品时要到处走动，会走到仓库拿物料，会走到其他地方找工具，会操作行车吊运成品或半成品等，这就导致了难以计算准确的工时，因为现场状态处于随时变动中，即使这一刻计算出了工时，下一刻的工时又不一样，因为下一刻的人机料法环的因素又变了，若有流水线并有效管理，每个员工都是定岗定位的，相对准确的工时可以计算出来，在此基础上执行计时制是有希望的。

2）举个例子，太阳能电池板厂倒是适合计件制的企业，是因为操作人员的因素已经足够少了，本身太阳能电池板厂就属于设备主导型工厂，因此计件和计时可以随时切换，时间由设备决定。只要设备工时准确，计算出来的太阳能电池板片数同样准确，基于非常简单的计算公式，即每日产出＝每日设备运转时数/设备节拍。

3）工艺部兼职工时业务，在兼职状态下，无心测算准确的工时，而且对于如何测算工时并无体系化的知识，即使给出了工时也是不准确的，是难以计算出准确产出数量的，这种没有专门人员负责工时的情况也是国内制造业的普遍状态，而外资企业有工时专员，可以有时间和精力测算出准确的工时。

4）生产支持部门对生产的支持不到位，每个生产主管自然想要每天做得越多越好，理想的状态是生产人员只要负责生产，若有设备异常、物料短缺、产品装配异常等问题，有支持部门第一时间来处理，这样直接生产价值最大，而实际的状态是，设备异常需要操作人员自身处理，突发物料短缺需要生产人员自己去仓库拿料，而不是仓库送到操作人员手边，产品装配异常时操作人员还要进行零件矫正，判断能否装下去，这是调研出来的制造业真实状况，当然也有很多管理到位的企业。精益化管理到位的企业必定是大力增加产生实际价值的直接劳动生产率，生产支持部门要鼎力支持生产部。

5）在这种混沌的状态下，采用计件制就如黑匣子交钥匙模式，是无奈之举，也是最经济合适的模式，因为生产制造的各个环节时不时会出个问题，都是不稳定因素，唯一稳定的是计划要求的交期和数量不会变，因此采用计件制就如"不管白猫黑猫，满足交期就是好猫"，已经没有更有效的办法来监控制程的不稳定因素了，制程的不稳定通常只有造成不良后果后才后知后觉。举一个真实例子来说明，某企业切割铜排后毛刺严重，属于质量不良，经查是切割机润滑油流量减小导致，在质量会议上询问设备部是否有规定查看此流量大小，有没有限度样品，校验流量大小是否在日、周、月、季保养清单中，这种严重问题有没有防呆和自动化控制手段等，设备部几乎都回答不上来，在此情况下，工时计算难以准确，也只能不管过程只认每日产出数量了。

如果选择一条路走到黑，就是要在计件制的道路上行稳致远，做到极致，实现真正的计件制，要克服以下难题，否则不是真正的计件制，只是停留在最终产出数量达到了，然后细分给操作员工算下每个员工做了多少。

1）每月需要稳定的订单但是难以达到。

2）物料无限量供应到工作单元，物料属性是精益生产的看板模式而不是配料模式。

3）员工的工作技能一致，工作效率要一样。

4) 一人可以完成该模块的所有工序。

5) 流水线员工不能互助，故不能采用流水线方式，从流水线生产方式退回到孤岛式生产方式，意味着时代倒退。

6) 主管分配的工作量要平衡，不能打破平衡，如手工制作一根电缆是0.8元，电缆制作非常耗时，一天都做不了几根，若一个员工整月都在制作电缆，收入极低必将离职。

7) 工序不多的小产品可以计件制，如衣服、玩具等。

8) 计划安排的生产到底是均衡的，还是无限量的，需要仔细探讨。

9) 不能缺料，否则员工在等料不产生价值时会抱怨。

10) 员工不能去仓库找物料，否则计件数量少，会抱怨。

11) 不排除有员工认为只要上班在工位就行，无所谓产出多少，这样产出数量会非常少。

12) 每个项目的设计错误，对方要求更改，生产花费的工时如何计算，谁承担？是管理层承担还是谁设计错误的谁承担？

以上需要克服的要点，实际在企业里面都无法解决或者无法有效解决，因此在追求达成真正的计件制的探索之路上，是一个死循环，起点和尽头纠缠在一起，几乎是一个无解的企业管理难题。

操作员工在计件制导向下，将导致如下问题。

1) 员工不在乎自身做出产品的质量，仅仅在乎数量，而质量的好坏，反正有质量部去检查。

2) 员工反对新的提高效率的做法，因为本来做出每个产品的费用已知，在新设备投入的情况下，员工在不增加额外工作量的同时，做出了更多的产品，理论上员工的计件工资收入将更高，但是站在企业立场也有理由说，企业也是投资了新设备才导致产量增加，员工计件收入增加是不应该的，于是企业管理层会调低员工制造每个产品的费用定额，导致的直接后果是员工抗拒新生产方法，生产一线的工人阻碍技术进步。

3) 员工计件制定额的计算方式不严谨，经走访各企业，每个部件的加工费用是根据企业历史数据得出（企业以前一直按10元/工时核算，10元/工时是如何计算出来的呢），不是按使用每个加工步骤花费的工时而计算得出。

当跳出计件制的桎梏，站得更高地审视这个问题，把计件制的缺点反过来看，其实都一一印证了这些缺点的解决对策就是采用计时制。

计时制的益处如下但不仅限于此，有效克服了计件制的下列弊端。

1）每一个操作步骤以数据来衡量而不是预估。

2）可以量化改善前后的效果。

3）因为以数据来衡量，改善可以用财务费用的节约来显示。

4）员工不会排斥新生产方式。

5）计划员安排生产的时刻即可基本确定生产完成日期，而不需要经常询问生产进度，担心生产无法按时完成。

6）反馈给客户的交期是真实可靠的，可以提高客户满意度，而不是交期一拖再拖。

7）对于定制化离散制造行业，将推动物料的及时供给，真正实现缺料不上线原则。

8）可以计算准确的生产率，有助于推动生产率的持续提升，在经济"寒冬"下，效率提升是每家企业提升内功的方法，进而提升外部竞争力。若工时基础都是虚妄的，在此基础上的改善均不稳固。

任何改善最终都要体现在工时降低、产能提升。计件制是计划经济下的产物，体现了管理层的惰性，把本来需要管理层做的事务转嫁到员工身上，有问题只做传话筒，管理层不关心过程而只关注操作员工的最终输出的工件数量，很少体现精益化要求（即关注过程细化每一个步骤），缺乏科学的工时统计，交期凭经验预估，难以反驳销售部要求的不合理的交期，只能使用人海战术达成紧急的客户交期等。

曾经长期工作过的先进制造企业无一例外均采用计时制，计划部根据销售部的初步交期，结合基于准确工时计算出可以承诺的交期，开销售和运营计划（Sales and Operations Planning，S&OP）会议告知销售部工厂交期，达成平衡点，实际生产中，若生产的每日产出没有达到计划的产出，需要给计划部说明，计划部需要及时召开 S&OP 会议更新交期。而国内普遍的做法是，当销售部来了订单，规定了交期，生产部需要在交期前拼命做出来即可，超过现有产能负荷的情况下，使用倒班、增加人力、外包等方法是常用的手段。这也是我国整个制造行业的状况，强势的客户定了交期给到销售部，难道销售部可以反驳么？一旦反驳，订单就流到其他公司，这也是市场经济下的无奈选择。

综上，可以轻易地得出结论：是时候抛弃计件制了，采用计时制才是数字化时代的工时正道。

2.1.2 计时制工时详述

制造工时是从无到有把一台产品做出来所花费的时间，是附着在产品上的时间，针对的是产品，不是附着在中间态上如设备运转时间，设备的运转时间最终还是体现在设备花费在产品制造上的时间。如果把各类中间态时间加到产品制造上，就又走入了计件制工时的怪圈。

汇报给企业管理层的工时以增值时间和设计时间为准，这就把计件制工时排除在外了，千万不能混淆。

实际工作中，根据实际的生产状况，工时被分解为以下几项，否则无法精确计算。

1）增值时间（Useful Time，UT）：即员工在生产时候，真正产生价值所花费的时间，客户愿意为该时间付费。举例说明，当员工在旋紧一个螺栓的时候，对于纯粹用手把螺栓旋入到螺纹孔中所花费的时间，任何一个客户本质上只愿意为该时间付费。

2）设计时间（Design Time，DT）：即所有增值操作所需要的时间，以及生产线设计时清晰定义的非增值时间（如取料、自检等）。DT=UT+不得不浪费的非增值时间。举例说明：当员工在旋紧一个螺栓时，会产生取用螺栓和螺母花费的时间，该时间本质上不增值，但是又不得不花费。DT 即为这两种时间之和。新时代下，在我国实行智能制造战略的大背景下，投入专门的取料机械手是减少不得不浪费的非增值时间的有效办法。因此，引申出一个专业术语——设计效率（KD=UT/DT），该效率体现了生产线设计水平的高低，当 UT 无限接近 DT 时，代表生产线的最高设计水平。

3）运行时间（Operation Time，OT）：即生产线操作人员实际操作时间（包括生产中的浪费，如换系列、画报表、清洁、调整、在线培训、生产会议、返工等）。举例说明：当员工在旋紧螺栓中途，停下来到休息区花费了 5min 喝水，然后走回工位继续操作完成旋紧螺栓，这个旋紧螺栓动作完全结束所花费的时间为 OT，OT=DT+无效浪费的时间。在生产管理中，无效浪费的时间越小越好，因此，引申出一个专业术语——生产率（KE=DT/OT），该效率体现了生产线管理水平的高低，一个优秀的线长，会想方设法减少无效浪费的时间，如可以在该员工喝水的同时，备用其他多技能人员顶替工作。KE 是生产部门的绩效考核指标。

4）实际时间（Time Spent，TS）：即生产线操作人员和辅助一线生产的人员所花费的时间，如检验物料花费时间、调机员的花费时间等。举例说明：当员工在旋紧螺栓时，发现力矩扳手扭矩太小，此时通知了设备人员来将扭矩调节到正常范围，调节花费的时间+OT 即为 TS。因此，引申出一个专业术语——运营效率（KS=OT/TS），该效率体现了辅助部门对生产一线的支持水平，当 KS 无限接近 1

时，代表单位的支持部门完全协助了生产一线，在国家践行智能制造战略的大背景下，安灯（Andon）系统的建设是提高辅助部门效率的有效途径。

5）工业效率（Industrial Efficiency，IE）：该效率从宏观上显示了整个工厂的运作效率，公式为 IE = UT/TS。通常带手动装配的标杆单位的 IE 也仅仅为 40%~50%。能够达成 UT 接近于 TS，只有非标定制化的制造行业实现了完全无人化的操作、无人化供料、无人化组装、无人化调机、无人化检验等，现有工业能力几乎无法实现。然而，在装备主导型单位则有希望可以实现，如纺织厂、印制电路板厂、太阳能电池板厂等，因为人的因素足够少。

各类时间的关系如图 2.2 所示，只有清楚知晓对应关系，才能了解背后的运作逻辑，从图上可以看出，由工艺部来鉴定的工时是产品的增值时间和设计时间，工艺部的工时专员使用时间测量方法（Methods Time Measurement，MTM）分析手段来进行鉴定，在 MTM 范畴之外的，需要由生产部自行记录，如有数字化设备，由设备来自行记录是好的办法，毕竟要求生产线操作员工记录时间，是损失直接生产率的行为。

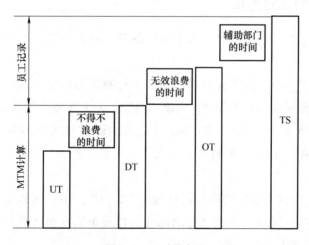

图 2.2　工时瀑布图

工时是生产部和工艺部两个部门的事情，生产部不能不作为，一股脑儿地把工时全部推给工艺部，难道生产线员工去洗手间这个工时损失，工时专员也要跟在操作员工后面拿个小本本记录？这简直就是搞笑。

图 2.2 印证了为什么国内大部分的制造工厂喜欢用计件制，因为不需要生产部花费额外的精力去做自己的工时损失统计，这是多么轻松呀，还可以把工时不准确的事情全部归咎于工艺部，这恰恰是不负责任的表现。

设备维护一般不归工艺部，故设备的时间由设备部负责，本节简单阐述设备的时间和基于时间形成的设备利用率等信息。

设备利用率是找到设备整体效率的方法，由三个乘积得到，正常情况下设备利用率（Overall Equipment Effectiveness，OEE）以百分数来表示。

OEE＝可用性比率×质量比率×效能比

可用性比率＝设备可用于操作的时间/计算 OEE 的总日历周期

质量比率＝合格产品产量/总产量

效能比＝去除设备暂停、低速、空转等时间的机器运转时间/机器总运转时间

平均故障间隔（Mean Time Between Failure，MTBF）＝整体运行时间/停机次数

平均故障修复时间（Mean Time To Repair，MTTR）＝整体停机时间/停机次数

全无人自动化生产线的产品生产工时由设备来统计，比较简单，人的因素足够小，时间瀑布图基本不适用，工艺人员无须花费大量精力在该全无人自动化生产线上。

2.1.3 工时的测定办法

工时测定是极其严谨之事，关乎工厂的各类制造成本，尤其是和人相关的制造成本。

通常情况下，新产品在释放量产前，工时测定由研发制造工程师负责，如果企业没有配备研发制造工程师，由制造端的工艺工程师负责是合理的。

在新产品释放量产后，由制造端的工艺部内部的 MTM 工程师负责。MTM 是一个权威的存在，工时由 MTM 工程师发布出来后，其他部门不得怀疑，需要彻底执行，执行后，若有偏差，再行反馈。

使用 MTM 时间分析，可以获得精确的 DT、UT、OT；可以知道哪些细节地方可以降低工时；可以在不增加劳动强度的情况下实现更多的产出；生产率可以根据 KE＝DT/OT 计算出来。

在我国企业界，使用录像分析手段以区分增值行为与非增值行为是通常的时间分析手段，若条件允许，也可以使用专门的数字孪生软件来评估理论计算的时间，但是现场条件千变万化，该理论计算时间也仅仅作为参考而已。在录像期间，如果操作员工刻意地放慢动作，可以选取多个操作员工的工时以获得平均时间。

针对复杂产品，MTM 最终形成的工时表格是二维的，横轴是产品方案，纵轴是产品模块，测算了每个模块的工时，每个模块在产品上的用量是已知的，

每个模块的工时×用量，再求和就是一台产品的总计工时，见表 2.1。

表 2.1　二维工时表

模块类型	工时/min	方案用量							
		方案1	方案2	方案3	方案4	方案5	方案6	方案7	方案8
模块1	11			6					
模块2	4	3							
模块3	30								
模块4	26				1				
模块5	6		5						
模块6	8					3			4
模块7	9								
模块8	15						1		
模块9	17								
总计工时									

能够做出这种表格，代表前端研发部已经提供了产品选择表，如果没有产品选择表，将产生穷举方案，所以连工时体系都会联动到前端研发设计的交付物。

产品选择表要常态化地发布并归档，产品选择表的模块号要一一对应于二维工时表中的模块号，也可以说工位表中的模块是来自于产品选择表的模块，注意产品选择表不是市场部给客户打钩的方案选择表，而是真正的技术选择表，如图 2.3 所示。

A模块的选择方式		
1.选择注意点1		
2.选择注意点2		
模块名称	模块号或零件号	配套装配号

B模块的选择方式		
1.选择注意点1		
2.选择注意点2		
3.A,B模块的注意点只能1配1,2配2		
模块名称	模块号或零件号	配套装配号

图 2.3　按模块分类的产品选择表呼应二维工时表

针对简单产品，一维工时表格即可，基于某个产品制造 BOM，在物料号上挂上时间即可。

在企业里，准确的制造工时是一切业务的起点和基础，对工时持续不断的监测是常态化的工作，工时就如核心业务流里规定的那样，有新项目的工时测定、有释放量产后的年度工时更新、有日常持续改善过程中的工时更新，工时的更新要按照正规的流程来执行，稍有差池，便会被其他部门一票推翻，图2.4~图2.6是工时更新的流程，各部门均要切实遵守。

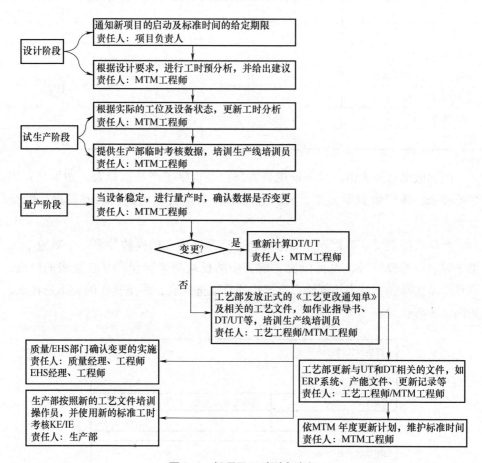

图 2.4　新项目工时测定流程

流程图里的工艺更改通知单如图 2.7 所示。

基于有效的管理制度、工时的解释、分析的方式，采用录像分析的工时，需要绘制如图 2.8 所示的工时分析表，工时分析表里的步骤和作业指导书里的步骤是一致的，故要求作业指导书里的步骤极度细化，详细步骤的描述办法请

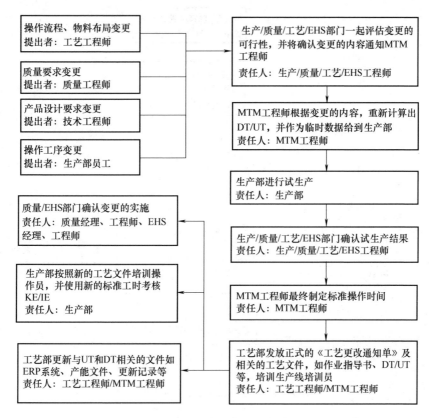

图 2.5 日常工时更新流程

参阅 2.2 节。

对工时分析表的解释如下。

1) 在录制整段时间时,要求操作员工提前做足了准备,在录制期间,工具是完好的,不能去上洗手间,不能去喝水等,尽量避开生产要记录的异常及时间损失,实在要有这个时间,以不良代码的方式记录到浪费栏位。

2) 增值工时即纯粹操作工时和正常检测的时间,客户愿意为之付费。正常检测是一个基本的常识,但客户不愿意为异常检测(如维修后的再次检测)付费。

3) 产品制造过程中的运输和等待产生了不得不浪费的时间,例如,由于生产线的不平衡导致的理论在制品积压就是不得不浪费的等待,而由于推动生产导致的在制品积压就是纯粹的浪费,要归入浪费类。

哪些时间增值,哪些时间不增值但又不得不浪费,哪些时间是纯粹的浪费,

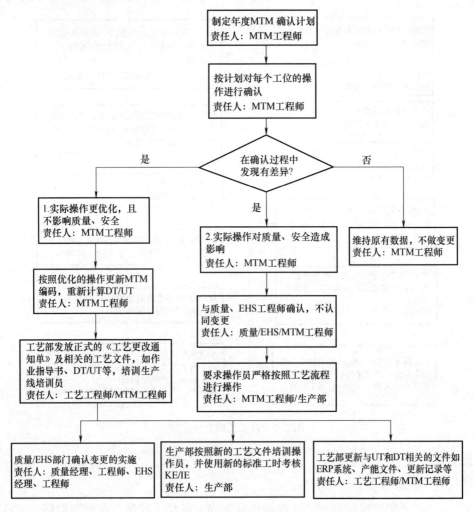

图 2.6 年度工时更新流程

需要工艺人员基于现场具体问题具体分析，不可把所谓的工业工程七大浪费当作金科玉律，死板教条就不好了。

工时专门放在产品类工艺第一节讲解，是要强调工时的极端重要性，它是制造业的基础之一，基础不牢会地动山摇。工时不准，数字制造成功的希望会极其渺茫，工艺国家标准已经白纸黑字地规定了工时是工艺的分内之事，进一步思考下去，国家标准规定的工时还是彻底的计时制工时，不是家庭联产承包责任制的计件制工时，广大企业无论在什么行业，都要践行计时制工时，摒弃计件制工时，这是要坚持的底线。

工艺更改通知单   单号：

产品型号		生产线工位		实施日期		有效日期	
变更原因					图片说明		
变更优势							
变更描述							
备注说明	是否需要变更制程失效模式分析		是否需要变更制程控制计划		其他		
发起者		签审者		工艺	质量	生产	EHS	确认者	
日期		日期						日期	

有效期：1个月

图 2.7　工艺更改通知单

产品		工位	#1	安装		日期	
操作过程		时间		时长	时间类型		备注
		开始	结束				
步骤1		0:00	0:09	0:09	Transportation		
步骤2		0:09	0:14	0:05	VAOperation		
步骤3		0:14	0:17	0:03	VAOperation		
步骤4		0:17	0:20	0:03	Waste		
步骤5		0:20	0:25	0:05	NVAOperation		
步骤6		0:25	0:30	0:05	VAOperation		

总计	
增值操作VA	0:13
不增值操作NVA	0:05
正常检测Inspection	0:00
运输Transportation	0:09
等待Waiting	0:00
浪费Waste	0:03
设计工时DT	0:27
增值工时UT	0:13
设计效率KD	48%

图 2.8　录像工时分析表示例

伤神的是，工时体系的建设不是一朝一夕的，也不是工艺部一个部门的事，而是从研发就开始，直到制造出货，贯穿了产品生命周期的整个过程，当前，企业在没有准确工时的情况下,又被数字化的时代大潮裹挟,简直是没有条件,创造条件也要上。有没有折中的办法让工时即使不那么准确,也可以部分地实现数字化?这种情况下似乎也能实施一些边缘事务的数字化,如增强现实、现场管理的数字化、考勤数字化等和制造弱相关的事务。

综上,工时的长期难以准确印证了工艺是当前工业数字化的瓶颈,而且该瓶颈还会在可以遇见的将来持续很长时间。

2.2 作业指导书

以一个生活中的小场景来展示作业指导书。很多人都有进门换鞋以保证家里干净卫生的习惯,但是有些人没有这样的习惯。于是出现了在门上贴"进门请换鞋"的标识,这个就是作业指导书在生活中的应用。贴上去之后一段时间,确实有改观,可是有的人在离开家的时候又发生了不把家居鞋换成户外鞋的情况,于是又有了"出门请换鞋"的标识,如图 2.9 所示。有了这个生活中的作业指导书后,情况好转了一段时间,可是还是存在出门不换鞋的问题,问其原因,这个人说:"出去几分钟就回来,不会沾上不卫生的泥土的,放心吧。"此时贴标签的人已经崩溃了,难道还要在标识上规定时间吗?

图 2.9 "出门请换鞋"标识

基于以上的小场景,感慨生活中都已经至此,何况工业制造乎?作业指导书看起来似乎就是个文件编制的工作,其实不然。作业指导书属于"道高一尺,魔高一丈"的事务,无论作业指导书颗粒度有多么细化,甚至细化到分子级别,操作员工做不到位而产生的质量问题,仍然可以归咎于作业指导书不够明确,这也是工艺部长期头疼的事情。说好听点,工艺部就如一个大力士,一端举起了研发,一端举起了生产,是承上启下的桥梁;说不好听点,是风箱里的老鼠两头受气,一旦产生质量问题,研发、生产甚至质量都会归咎于工艺部作业指导书没有写清楚，当然在工艺部有足够权威的企业里，是不会存在这类事情的，工艺部是大力士而非风箱里的老鼠，这种企业基本上是深耕工艺业务几十年才达成的。

所以，无论作业指导书写得如何细化，只要是针对人而不是针对机器人，永远都会有化解之道。这也是工艺人员通常自嘲作业指导书是生产技术的万恶之源的原因。

工艺国家标准中规定的作业指导书到底是怎样的呢？GB/T 24737.5—2009中明确定义：工艺规程是直接指导现场生产操作的重要技术文件，应做到正确、完整、统一、清晰。工艺规程包含如下内容。

1) 工艺过程卡：描述零部件加工过程中的工种（或工序）流转顺序，主要用于单件、小批生产的产品。

2) 工艺卡：描述一个工种（或工序）中工步的流转顺序，用于各种批量生产的产品

3) 工序卡：主要用于大批量生产的产品和单件、小批量生产中的关键工序。

4) 作业指导书：为确保生产某一过程的质量，对操作者应做的各项活动所做的详细规定。用于操作内容和要求基本相同的工序（或工位）

5) 工艺守则：某一专业应共同遵守的通用操作要求。

6) 检验卡：用于关重工序检查。

7) 调整卡：用于自动、半自动、弧齿锥齿轮机床、自动生产线等加工。

8) 毛坯图：用于铸、锻件等毛坯的制造。

9) 装配系统图：用于复杂产品的装配，与装配工艺过程卡配合使用。

该国家标准的前身是机械行业标准，直接升级成为国家标准，故内容偏向性是向机械加工倾斜的，企业应看到国家标准背后通行的要求，进而建立起企业特定的工艺规程，在数字化时代，基于国家标准，已经延伸出大量的操作性很强的做法，具体做法如下。

1) 把工艺规程里的工艺守则取出，其他类型（如过程卡、工艺卡等）都统一为作业指导书里的子项。

2) 作业指导书不是仅仅为指导操作员工的操作步骤，更体现了制造所需要的人机料法环各类要素。

3) 作业指导书是制造的关键一环，生产部操作员工按照作业指导书的要求来操作，质量部按照作业指导书里的关键要点来监督生产，建立了工艺的权威

和主心骨，三个部门不再各自为政，达成了第 1 章工艺体系里阐述的工艺定方法、生产执行、质量监督的闭环。

4）优秀的企业已经实现了零件制造和装配的作业指导书模板的统一，为后续的工艺数字化转型奠定基础。

以制造业里最复杂的零件制造、部件装配、总装、测试等生产组织过程为例，阐述优秀的作业指导书应该如何达成（体现了上述 4 点，低等级难度的采用简化版即可）。

(1) 什么是作业指导书（Work Instruction，WI）

作业指导书是员工操作的规范，为确保正确地做出产品，需要有人机料法环（Man，Machine，Material，Method，Environment，4M1E）的信息及执行到最细节的步骤。针对非标定制化产品，任何非标产品均由标准部件+非标部件构成，因此非标产品作业指导书由标准作业指导书+定制化产品/项目说明构成。

非标产品作业指导书随项目，由项目设计工程师提供给生产主管，生产主管分发到工位上。

(2) 为什么要做作业指导书

制作作业指导书的目的是确保制程稳健、满足规范、可控。用于员工培训，最好的作业指导书是员工可以根据作业指导书的内容制作出正确的产品而不需要再有额外的培训师协助。

践行追求细节（Down To Detail，D to D）的理念，每个步骤都有据可查，细化到每个步骤都有相应的规范，规范内容是做什么、为什么做、如何做、完成后的效果。

作业指导书的每一个步骤均是后续做制程失效模式分析（Process Failure Mode and Effects Analysis，PFMEA）的输入源。

可视化、专业化展示操作步骤，简单明了地让生产线操作员工知晓如何操作，现有许多单位的做法是给生产一个概要型的、纲领性的、技术难度大的工艺规范，完全无法指导一线生产，生产线需要的是每一个步骤的操作规范，用于指导一线操作员工。该情况非常不合理，亟须改变。

对于管理人员而言，作业指导书体现了单位践行"员工承诺"和"先进质量计划"，管理层理解了建立、执行、改进作业指导的重要性。

(3) 作业指导书由哪些内容构成

通常有难度的制造业操作步骤繁多，若每个步骤均张贴在操作现场，会导致现场张贴满作业指导书，如果再结合没有按照工位来编写作业指导书，就会导致工厂典型地存在作业指导书墙这种匪夷所思的现象,因此,作业指导书需要分两个层级。

第一层级,概要作业指导书,通常不超过 8 个步骤,阐述了该工位总计的步骤,每个步骤的装配后效果,关键质控点。生产线及审核专员看到此概要作业指导书,立即清楚明白地知晓该工位需要做的工作内容,同时,概要作业指导书还用于制造执行系统(Manufacture Execution System,MES)里面确认是否已完成了所有的装配,在 MES 里会推送每个概要作业指导书里面的步骤,员工单击确认完成,MES 即判断此工位已经操作完毕。每个描述框里面的文字不得超过 15 个字符,尽量达成以图片描述。

第二层级,分解作业指导书,用于培训新员工,或者老员工不知道细节内容而再次查看用,分解作业指导书里面显示每个概要作业指导书步骤的详细操作顺序,操作步骤的数量取决于新员工可以正确做出产品,为达成此效果,作业指导书越详尽越好。分解作业指导书的内容有:具体操作步骤描述(What)、重要注意点的描述(How)、为什么要做(Why)、对操作要点的解释、每个步骤的工时,如有需要列出特殊符号(质量、安全)、图标符号的解释,在制品数量等。通常概要作业指导书章节有几个概要步骤,分解作业指导书章节就有几个对应页面写概要步骤,每个分解作业指导书页面对应一个概要作业指导书步骤。每个描述框里面的文字不得超过 15 个字符以尽量体现图片说明。

工艺国家标准对于作业指导书的阐述:工艺规程是直接指导现场生产操作的重要技术文件,应做到正确、完整、统一、清晰。这个要求太宽泛了,没有衡量的标准,如何做到正确、完整、统一、清晰呢?工艺国家标准不会提及以二层级方式来编制作业指导书。采用这种二层级方式的好处如下:

① 让操作员工和审核老师一目了然地知晓这个工位的事务有几大块,欲知详情,请移步下一个层级查看分解作业指导书。

② 杜绝作业指导书墙。

③ 建立工艺工程师模块化思维的能力,概要说明该模块后,需要尽可能对模块进行最具细节的拆分,保障作业指导书颗粒度是极其细化的,克服作业指导书属于"道高一尺,魔高一丈"的魔咒。

④ 质量人员一目了然地知晓概要作业指导书的关键要点就是质量部要巡检的关注点。

⑤ 极细的颗粒度真正达成了工艺是生产技术的源头,从某种意义上来说,数字制造就是工艺的数字化。

下面选取某世界领先离散制造业的二层级作业指导书的模板进行展示。读者不一定要按此模板编制企业的作业指导书，懂得里面的作业指导书要素的逻辑关系是重要之事，为以后开发数字化平台中的作业指导书奠定逻辑基础。

从图2.10和图2.11可以看出，这种类型的作业指导书典型地把自身定位为生产技术的源头，和普通的作业指导书仅仅展示操作步骤不同，该作业指导书涉及生产技术的方方面面，包罗万象，有质量要点、EHS的防护要点、精益化生产的分配到工位的物料清单、每一个步骤的工时数据、使用到的工具清单、版本升级的原因说明、和研发BOM匹配的成品物料号（前提是设计BOM的组件号就可以用在这个工位上）等。

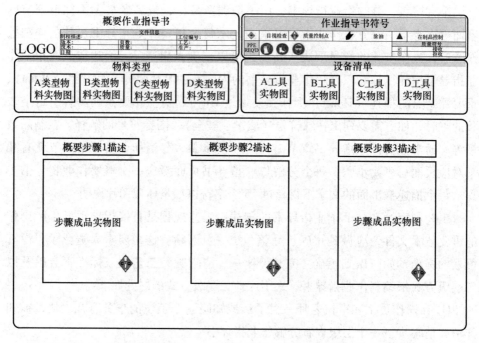

图2.10 先进企业案例模板：概要作业指导书确保一目了然地知晓在做什么

这种作业指导书可以直接开发成结构化数据，进入数字化平台。例如，这种结构化的操作步骤就可以提取出来应用于制程失效模式分析，步骤工时之和联动到工时管理平台等，在这里就先不详细说明，在后面5.1节讲到数字化平台开发时详述。

对图2.10所示模板的解释如下。

1）装配级作业指导书是以物理工位为牵引而编制的，不是以虚拟的工序为牵引，这里的工序和机械加工的工序、工步不一样。

第 2 章　产品类工艺能力

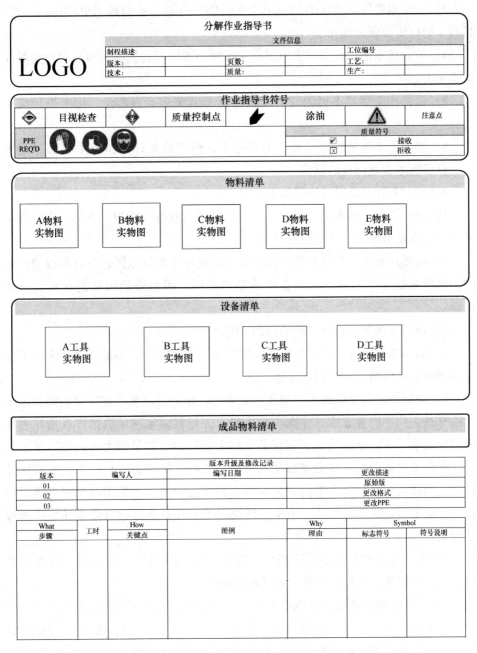

图 2.11　先进企业案例模板：分解作业指导书展示了最细化的操作步骤

2）零件级的作业指导书模板也用该模板，只是以工位流转，当然也可以以工位牵引。

69

3）一个概要作业指导书的一个步骤对应于分解作业指导书里的详细一页，相当于把概要步骤又细化了一级。

4）若简单零部件使用一个概要作业指导书即可表达，就无须再编制分解作业指导书。

5）概要作业指导书里的每一个大步骤都有关键要点展示，用于指导质量人员。

6）用的零部件是类型分类，不是穷举，但在分解作用指导书界面中是穷举。设备清单也是同样的做法。

对图2.11所示模板的解释如下。

1）物料清单和设备清单是穷尽。用于提供信息给仓库和设备部，操作员工可以基于设备清单进行开工前的设备点检。

2）以图片来表达操作步骤，而不是三维虚拟零部件截图，没有释放量产前的样机作业指导书可以用三维虚拟零部件截图，因为样机组装是从无到有的过程。

3）每个步骤要输入该步骤的操作工时。

4）编写细化程度的原则是每一步骤只展示一个动作，不能采用一个虚拟爆炸图进行总体说明，零件制作也是一样。

5）能用图片表达的就不要用文字来表达，企业可以参考宜家家居的装配作业指导书，几乎没有文字，让人一目了然，为何宜家家居可以把作业指导书写得如此简单易行，是因为宜家家居是无理由退货的，如果因为客户看不懂家具装配操作说明而退货，宜家家居是有资金损失的。如果企业可以像宜家家居那样管理作业指导书，生产部向工艺部购买作业指导书，若操作员工看不懂操作说明，就不付钱给工艺部，一下子就解决了当前作业指导书难以指导生产的尴尬现实。

6）每一个关键点都要说明理由，让生产部操作员工、质量部巡检员知其然，知其所以然，不做盲从者，做聪明的遵从者。

7）零件级别的加工参数也放入该表格，以数控加工为例，不能仅仅是一个数控加工的参数表，要体现毛坯到零件成品的整个过程，包括装夹、开机、设置加工参数的过程、执行加工、卸料、堆放等一整套过程，每个过程都有对应的工时，参数表只是其中一小部分，不能把参数表从作用指导书里剥离，而应将其作为作业指导书的分支。参数表的嵌入在数字化平台下很容易实现，可以预先参阅本书5.1节的内容。

(4) 什么时候做作业指导书

在研发阶段，研发部门的制造工程师创建初始版本的作业指导书。产品释放量产后，当有工程变更、客户投诉、制程失效模式分析、制程审核等情况时，作业指导书通常需要更新。通常情况下，作业指导书是一个持续变更的过程，一般每半个月更新一次版本。

(5) 如何显示作业指导书

作业指导书应悬挂于生产线的工位上，悬挂位置可以方便地看到和取用，完全符合人机工程学要求，员工正常可以平视或者在人机工程规定的眼睛 30°俯仰角范围内查看到概要作业指导书，字体的大小以员工正常视力下无须弯腰凑近查看为准。

概要作业指导书以 A3 纸横向打印出来悬挂在工位正面。

分解作业指导书以 A4 纸竖向打印出来放入文件夹，文件夹置于工位侧边，方便员工翻阅。

若有 MES，在 MES 中推送作业指导书。

(6) 如何编制作业指导

按照上述规范制作作业指导书，结合数字视频操作规范是专业级手段，前提是配置 MES 体系。要求制作作业指导书的第一步是录像；第二步是在计算机上打开录像，仔细查看细化的操作步骤；第三步是把每个动作步骤全部编制出来，写成作业指导书最具细节的文字化形式；第四步在细化操作步骤的基础上编制作业指导书其他内容。

(7) 作业指导书的负责人

产品释放量产前，作业指导书的负责人是研发制造工程师；产品释放量产后，作业指导书的负责人是工艺工程师。

作业指导书不是工艺部的专属输出物，质量部门也是有作业指导书的，需要质量部负责的检验工位的作业指导书就要由质量部完成，除了检验作业指导书，质量部还有一种作业指导书即质量警示要编制。

质量警示本质上是 3N 作业指导书（3N 即不接受、不制造、不流转不良品）。

质量警示用于在某段时间内提示、警告作业人员或者相关部门的同事注意避免一些问题。质量警示需要有关于这个问题的图片和详细的描述，并表示清楚怎样避免发生这种问题，图 2.12 所示为质量警示模板。

质量警示是一种处理问题的临时措施，它适用于比较紧急的情况，正式的控制文档未能马上发布，如作业指导书、工序检查表等还没有发布，或者仍在查找

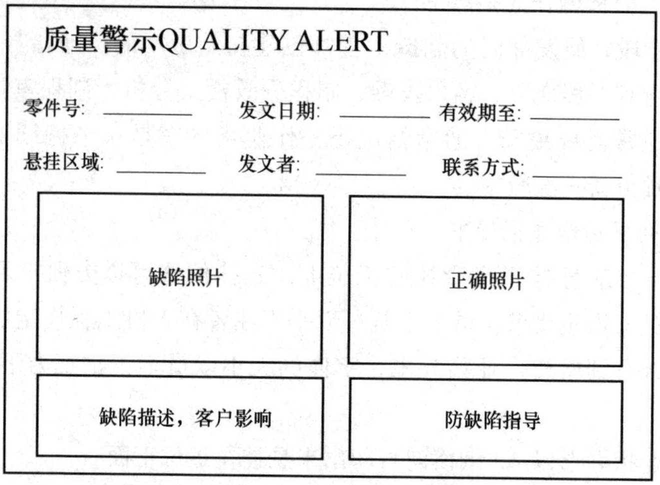

```
┌─────────────────────────────────────────────┐
│         质量警示QUALITY ALERT                │
│                                             │
│  零件号:_____   发文日期:_____  有效期至:_____│
│                                             │
│  悬挂区域:_____  发文者:_____   联系方式:_____│
│                                             │
│  ┌─────────────┐     ┌─────────────┐        │
│  │             │     │             │        │
│  │   缺陷照片   │     │   正确照片   │        │
│  │             │     │             │        │
│  └─────────────┘     └─────────────┘        │
│                                             │
│  ┌─────────────┐     ┌─────────────┐        │
│  │ 缺陷描述,    │     │             │        │
│  │ 客户影响     │     │  防缺陷指导  │        │
│  └─────────────┘     └─────────────┘        │
└─────────────────────────────────────────────┘
```

图 2.12　质量警示模板

根本原因和防止再发的措施。因为以上的工作都需要比较长的时间才能够完成，但是生产一线需要继续作业，所以就需要这样一种临时的、清晰的指导文件。

　　以上介绍了一份复杂产品的优秀作业指导书到底应该如何实践，管理者不能要求熟练的操作员工做一个步骤看一下作业指导书，还是要按照人之常情，熟练员工是无须时刻翻看作业指导书的，故没有必要把极度细化的操作说明全部挂出来，挂出概要作业指导书即可，极度细化的分解作业指导书用于新人培训、多技能工复训或熟练工突然忘记操作的情况，这种作业指导书方式达成了可视化和极度细化的平衡。

　　作业指导书是工艺的头等大事，做得好的作业指导书将极大地促进质量稳定性。做得差的作业指导书将在质量和生产面前毫无权威性，长此以往工艺部会成为可有可无的尴尬部门，甚至划归为质量和生产的下级单位，希望每一个想要长远发展的企业和工艺人员都要意识到工艺的极端重要性，尤其在数字化时代，没有优秀的工艺作为地基，数字化转型会举步维艰。

2.3　样品承认

2.3.1　质量控制计划到底由哪个部门给出

　　下面通过一个制造业的小场景来阐述样品承认的重要性。

某工厂收到了一个大订单,利润也非常可观,条件是要求一周之后交货,于是全工厂资源都围绕着这个大订单来开展,每个部门都火力全开,为了订单的完美交付而殚精竭虑。

计划部:把在手订单都往后排,为该订单排好了第一优先级,三天之后生产开始做。

物流部:做好了订单完成后的发货计划,提前约好了运输公司,运输公司时刻准备着,工厂订单一旦做好,运输公司就无缝对接,扑上来把成品运走。

采购部:第一时间把零部件采购订单发给了供应商,并时刻紧盯着供应商按时发出零部件。

入料检验组:配备人手专门盯着这批物料,一旦到工厂,立即特事特办第一时间收货。

生产部:已经早早地培训好了操作员工,物料一到,放下手中其他的任务,立刻转战这个大订单。

在高层领导的督促下,一切看起来是那么有条不紊,万事俱备,只欠"物料"这个东风了,工厂已经蓄势待发,就差发令枪响了。企业管理层向上层一级级地汇报该订单没有问题,就等着物料来工厂了。

长期在制造工厂工作的人应该对该状态见怪不怪,因为通常"只欠"的那个东西,总是会出错,是典型的怕什么来什么,"墨菲定律"又一次在作怪。

这回出在了物料在入料检验时,发现不合格,还是关键尺寸不合格,如果退货重新生产,铁定是不能按时交货了,客户极度不满意。于是管理层赶紧召集会议,要有短期对策和长期对策。

总经理:为什么该紧急物料还是不合格,你们这些部门不都是严阵以待的么?

质量部:我只管根据规范进行检验,我是全力配合的。

生产部:我已经安排好人力了,我承诺物料一到就开工,物料不到我也没有办法。

采购部:我已经把物料按时催到入料区了,至于合不合格,我也无能为力。

总经理:检验规范是谁给的?

技术部:不是我,我只对图样负责,检验规范是样品承认报告里制定的。

工艺部:样品承认报告是我负责的,但是我来召集样品承认,他们都不来,故只好按照图样要求检验,比对下来是不合格。

总经理:先把这批货签了让步放行单吧,该现场返工就返工。你们都没有问题,就是客户有问题,就不应该选择我们工厂。

该问题场景中显示，任何紧急订单都会有一个瓶颈，不是入料不合格，也会有其他的问题，然后客户经理就到处告状，从历来的问题发生频率来看，通常入料检验不良占比最多，这入料检验的规范通常由质量部保管，不应该由工艺部来制定。这入料检验规范怎么又和样品承认搭上关系了呢？样品承认由工艺部负责倒是在第1章就明确说明的。

只要研究了 GB/T 24737.6—2012 和 GB/T 24737.9—2012 这两份工艺国家标准，就知晓质量控制要求是由工艺部给出的，国家标准中的相关表述如下。

GB/T 24737.6—2012 中关于关键工序质量控制的说明如下。

1）关键工序是否按有关标准规定编制了工序质量控制文件。

2）编制的工序质量控制文件内容应完整齐全，文件要规定控制项目、内容及方法，工序质量控制文件应纳入关键工艺规程中。

3）保留关键过程质量记录，保持产品质量可追溯性。

4）投入或转入关键工序的原材料、毛坯、元器件、零部件及重要的辅助材料等，应具有复检（或筛选）合格证明文件或合格标识。

5）需要外包（外协）时，应对外协工序提出质量控制措施或签订技术协议，并按规定的技术与质量协议对产品进行验收。

6）首件实行自检、互检、专检，并对产品特性做实测记录。

7）设立关键工序质控点，重点控制某些特性或因素。

8）关键工序应定人员、定工序、定设备。

GB/T 24737.9—2012 中关于工序质量控制的说明如下。

1）工艺部门编制工序质控点明细表和涉及质量控制的有关文件，经质量部门会签。

2）复杂工序绘制"工序质控点流程图"，明确标出建立质控点的工序、质量特性、质量要求、检验方式、测量工具等。

3）分析或测定工序能力，当工序能力不足时应及时采取措施加以调整，工序能力指数的计算和判定宜符合 JB/T 3736.7—1994 的规定。

4）分析工序质量缺陷因素，验证工序质量保证能力，编制工序质量分析表。

5）根据工序质量分析表，对质量影响因素进行整改。

6）根据需要设置工序控制图，常用控制图的形式参见 GB/T 17989.2—2020。

7）对工序质控点进行验收，做好工序质量的信息反馈及处理。

8）工序经过重点控制后，经过一段时间的验证，证实工序质控点的产品质量和工序能力满足要求,可提出书面申请,获批后该工序质控点可予以撤销。

以上两个工艺国家标准明确了由工艺部给出工厂内外的零部件质量控制计划。

2.3.2 质量控制计划和样品承认的关系

国家标准规定了质量控制计划由工艺部给到质量部,这是结果的表达,但是并没有说质量控制计划产生的过程是怎样的,这就是企业实践的过程了,质量控制计划是样品承认的关键结果,二者关系如图2.13所示。

图 2.13 样品承认和质量控制计划间的关系

以倒叙的方式写到这里,是要说明产生质量控制计划的样品承认过程应由工艺部负责,接下来正叙样品承认。

PPAP来源于汽车行业的质量标准TS16949,是五大核心工具之一,PPAP即生产件批准程序,追本溯源,既然它的来源是汽车行业,必定关乎生命安全,既然关乎生命安全,具体的要求必然是极其严格的。市场上有太多的机构拿着鸡毛当令箭,生搬硬套地讲解PPAP,好像只有PPAP全部都做到位了,才能放心地投入生产,殊不知,这将浪费大量人力、物力、财力,但是最后的效果却不一定好,究其本质,还是对自己不够自信,缺乏管理自信、文化自信、制度自信,寄希望于某个"高大上"的名词提高自己的格调。现在仔细想想,TS16949的推出貌似提高了产品质量要求,但是深刻思考下,这简直就是西方国家设定的行业壁垒,发展中国家达不到该要求,就进入不了汽车行业,十几年前确实是中国品牌汽车稳定性没有欧美品牌的好,可以说中国品牌PPAP没有做好,但是在当下的电动汽车时代,中国品牌反超欧美品牌,于是TS16949就有了升级版的IATF16949,设定了更高的游戏规则,企图再次拖住中国品牌,只是这已经是徒劳了。

PPAP属于离散制造业,是灵活的,不是死板教条的,核心的原则是达成零件的稳定,只要基于这个原则,不管是哪个行业,都可以活学活用这些PPAP条款。例如,汽车行业是离散制造,何为离散制造,指的就是一个最终产品由零件制造、部装、总装这些环节构成,同时还带定制化。离散制造的行业很多,同样也适用PPAP条款,如电气制造业、消费电子产业等,而流程制造业,其实就不适用 PPAP，如化工厂、纺织厂、多晶硅厂等，这是一个由配方参数驱动后续一系列环节的产业，不是离散的。还有一个证据证明 PPAP 是灵活的，就是 PPAP 明明有一个官方的英文全称，但是各个国家和地区为这个全称开发了各种称谓，如美资企业中称为 PPAP（Production Part Approval Process，生产零件承认流程或 Part Process Approve Package，零件承认包），在台资企业中称为样品承认（Sample Approval，SA），在法资企业中称为生产零件评估计划（Part Product Evaluation Plan，PPEP）。由此看出活学活用是多么的重要啊。

无论是哪种称呼，零部件获得承认之后才可以投入生产，这不仅仅针对供应商的零部件，自制的零件同样需要做好认证之后才可以投入量产，要经过零部件认可后才可以投入生产线组装，需要提交的报告和供应商提交的报告是一致的，只是形式上有些许不同。

通常在国内企业中，除了汽车行业的核心器件生产，外围部件其实都是用了简化版的 PPAP，PPAP 的要求是可以作为选项的。以下是典型的外购零件 PPAP 所有项目介绍，自制的零件类似，只是负责的部门由外购对应的供应商管理工程师（Supplier Quality Engineer，SQE）转为厂内各个部门（资料来源：某世界领先离散制造企业）。

1）设计记录（包括功能要求，由研发人员负责）：提供 2D/3D 图样、公差标准、技术规范（材料、特殊要求如喷漆等），注意此处，研发人员有时为了偷懒，在还没有定型图样的时候，就开启 PPAP 事务认证申请，找了个冠冕堂皇的理由就是要快速开发产品，这时 PPAP 的总负责人要回复过去，不要分不清产品开发阶段，没有图样的设计是不能进入 PPAP 阶段的；能够进入该阶段，须是做完 PPAP 认证后就可以小批量产。

2）零件组件认证计划（由研发人员负责）：制定零件/组件的认证计划，零组件都需要有零件质量规范，注意这里的质量规范不是由质量部来制定，质量部来做零件质量规范在 PPAP 中被印证是不对的。但是在部分国内企业中，很多人浮于表面，看到有质量两个字，就一股脑儿地甩给质量部，而质量部也没有意识到零件质量规范来源是研发部，写了质量部那就质量部干，这基本上会干不好，就出现了质量人员在图样上随意抠几个要点说后续要管控的，实际上都是站不住脚的。

3）供应商批准（由供应商开发部负责，若是自制零件，由厂内质量部负责）：供应商的审核状态由绿色、橙色、红色，分别代表合格供应商、待改善供应商、不合格供应商，在这个阶段，供应商状态至少要是橙色。供应商总体等级由供应商开发部负责，质量子项由供应商质量工程师审核。

4）过程流程图（包括外部过程，由SQE负责）：在流程图中描述从原料接收到零件交付的所有过程步骤；在流程图中描述每个操作使用的工具、设备编号、量具号；在流程图中定义重要过程参数（温度、压力）及过程质量要求，如尺寸，过程作业指导书；如果有分包过程，如分装、喷漆，应提供二级供方的流程图；过程流程图与全尺寸报告一起提交。若是厂内自制零件，过程流程图由工艺部门或工程部门提供。

5）PFMEA（外购由SQE负责，自制由工艺或工程负责）：PFMEA需要和流程图对应，范围为原料到交付的所有过程，明确过程PFMEA的目标和范围；供应商需对PFMEA中高风险优先序数（Risk Priority Number，RPN）和严重度高（大于9）的过程采取措施；PFMEA由供应商、客户支持。

6）可追溯性控制（提出要求并验证实施，由SQE负责）：供应商需要定义追溯性方法；根据批次号信息，确保客户能追溯到批量大小、生产检验日期、过程记录、原料和表面处理、特殊过程、用关键设备及工具的编号等；包装上的标识包括供应商名称、批号、日期、数量等；所有影响质量的数据（如材料报告、生产检验数据、重要过程调整数据等）需要保留至少5年，以备查验；未经客户同意，供应商不允许更改任何过程，如过程变更、材料变更、分供应商变更。

7）零件质量控制计划（提出要求并验证实施，由SQE负责）：按客户的技术标准制定过程质量控制计划；应按过程流程图描述质控点（如零件特性检验、过程试验、定期检验项目、频次、量具等）；供应商需要在试运行前提交控制计划。

8）量具重复性和再现性研究［量具检定证书、测量方法培训等测量系统分析（Measurement Systems Analysis，MSA），由SQE负责］：供应商提供全尺寸报告时提交质量控制计划中的设备能力报告，含量具清单、检定证书、对实施测量的员工的培训记录。

9）样品全尺寸报告（由SQE负责）：供应商需要在样品认证阶段提交以下报告，即尺寸测量结果、材料检验结果、表面处理检验报告等，样品全尺寸报告，模具最终参数卡。

通用的检验原则：关键尺寸为32件样品检验报告；重要尺寸或带公差的尺寸及外观项目为5件报告；材料报告为1件报告；次要其他尺寸为1件报告。

10）短期过程能力研究（由SQE负责）：如果质量控制计划中有要求，供应商需要对全尺寸报告中的 32 件关键尺寸计算短期过程能力。

11）供应商过程审核（由 SQE 负责）：在零件实施试生产时审核，验证条款 6）、7）、10）、16）~18）和 23）是否得到有效实施。

12）供应商过程控制图（由 SQE 负责）：对安全和关键特性，供应商需要使用 SPC 图进行生产过程的管理和监控。

13）功能性产品评价（由研发负责）：零件级-组件级-产品级符合客户要求。

14）长期过程能力研究（由 SQE 负责）：定义需要跟踪研究的目标质量特性。

15）客户工业化评估（由供应链负责）：客户将在生产装配过程验证供应商试生产的零件性能和物流满足能力。

16）物流文件（提出要求并验证实施，由供应链负责）：客户定义物流要求，并审核供应商是否满足要求。

17）预防性维护计划（提出要求并验证实施，由设备维护部负责）：对于模具，该维护计划有效实施。

18）健康、安全和环境评价（由 SQE 负责）：供应商应遵守安全环境的相关要求。

19）历史数据转移（末件全尺寸报告、偏差表、质量拒收记录、模具维修记录等，由采购和 SQE 负责）：必要时，客户提供历史数据给供应商作为参考，如需要把模具从 A 供应商移到 B 供应商，在 A 供应商处的模具履历表、最后一批次产品的全尺寸报告、尾件样品、成型参数表等都要提供到 B 供应商。

20）来料检验计划（由进货检部门负责，审批到 SQE）：客户确定进货检验计划，供应商应在出货前对计划中的项目进行出厂前检验。

21）第三方需求（CCC、UL、NEMA、IEC 等，由采购部负责）。

22）符合性声明（由采购部负责）：供应商需要提交有害物质限制和各国要求的符合性声明。

23）不合格零件的退返管理（提出要求并验证实施，由采购部负责）：供应商同意使用客户的 8D 格式进行不良件管理，即 2 天内提供围堵行动，2 周内提供及实施纠正措施，2 月内提供实施有效的预防措施。

以上是比较全面的 PPAP 的文件，是世界先进企业的做法，哪怕是一个最细小的零件，必定是放在生产线上都试生产过，具体执行下来，有两种方式。

1）对于全新产品的导入，由于没有生产线，实际执行是单个零件在试验室

第2章 产品类工艺能力

里面先期试做，如有500个零件，先期试做完成后，一起运送到生产线试生产。

2) 对于单个零件的工程变更，已经有了生产线。只要有结构变化，就要把这一个新零件在生产线上从头至尾流通一遍。

按照这种极其烦琐的方式，所有的离散制造企业都将疲于奔命，好在PPAP各个条款的执行可由团队商定，供应商和客户基于实际的情况，商定哪些是固定要执行，哪些是选择性执行。

PPAP的各类事务还分布在产品开发的各个阶段，有些企业需要快速迭代的，例如，想把开发的三个阶段精简成两个阶段，一些条款就可以合并，如过程流程图和失效模式分析合起来完成。

基于工厂的实际状况和产品特色，可以把PPAP中的某些条款固定下来，不要再反复讨论哪些要强控，哪些是选项，这就是典型的活学活用PPAP条款，和企业的实际充分结合了起来。

我国台湾省企业对于效率的追求是世界顶级的，台湾企业是如何应用PPAP的呢，一般认为台湾企业在QCD（质量、成本、交期）上已经达到了顶级，为何会如此高效呢？台湾是一个孤悬海外的小岛，各类资源相对匮乏，能够发展成曾经的"亚洲四小龙"，除了借助了产业转移的东风，更多的是台湾人民早早将效率的研究上升到了理论研究的高度，如果没有高效的工作能力，哪里还有产业愿意转移到台湾来呢，读者可以对比现在的东南亚国家，很多外企被东南亚国家的低工资吸引，以为可以赚取更多的利润，搬过去后又撤离，因为东南亚国家人民比较佛系，效率实在太低。

可以看到，带有23个复杂条款的PPAP，诞生于老牌资本主义国家，老牌资本主义国家从地理大发现开始积累财富，将近500年时间引领了工业革命，这是要面对的事实，在这几百年的时间里积累的财富，无疑可以让每一个西方人慢悠悠地工作，每天工作6h，每周工作4天都不是问题，在这种氛围下诞生出来的PPAP，一方面是做得越来越细化，另一方面也要兑现政府对选民的有工作承诺，有些非常细化的条款纯粹是为了多创造一个职位而设定，如工业化鉴定，实际该事务在我国就由工艺部门负责。

我国台湾省的企业在实际运作中，把PPAP精简成了样品承认。这一套做法堪称完美，把PPAP实践得炉火纯青，摒弃不必要的条款，精选必要的条款并固定成为流程，笔者如果没有经历过我国台湾省企业和欧美企业的工作，就不会进行对比，也就不会知晓两者之间的完美契合。

以离散制造行业为例，详述这个精简版的PPAP，即样品承认方方面面的逻辑关系。

1. 样品承认

（1）什么是样品承认（资料来源：某国内领先离散制造企业）

样品承认即零部件承认，可以参考专业术语 PPAP，即生产件批准程序，属于精简版的 PPAP。通常国内企业达不到完整的 PPAP，故一般做精简版。

（2）为什么要做样品

1）样品是新品释放量产的交付物之一，所有的零部件已经获得研发、技术、生产、工艺、质量的认可。

2）样品是量产入料检验的规范。

3）样品是产生零部件控制计划的先决条件。

4）有严谨的签样，量产后追踪问题有据可查。

（3）样品承认聚焦哪些内容

1）针对大规模制造产品，自制和外购的所有零部件都要提交样品承认书。

2）针对非标定制产品，对标准部分做样品承认。同样，自制和外购零部件都需要。

3）基本的样品承认报告含全尺寸报告、制程能力指数（Process Capability Index，CPK）、有害物质限制（Restriction of Hazardous Substances，ROHS）报告、签样、零件控制计划、零件审核计划、运输规范、试装效果，以及焊接、铆接参数，外购零件参数等。

（4）什么时候做样品承认

1）在新产品量产试生产之前，所有零部件的样品承认报告已经完成。

2）产品释放量产后，有任何零件结构变更，都要走工程变更流程，联动到样品承认完成。

（5）谁是负责人，谁是关键参与者

产品释放量产前的负责人是研发制造工程师；产品释放量产后的负责人是工艺工程师。关键参与者是质量部、生产部。大量的工作是由工艺人员完成。

样品承认报告中含有零部件真实的质量控制计划（见图2.13）。

2. 控制计划

在讲这种逻辑关系前，先阐述零部件控制计划是什么。

零部件控制计划是针对单个零件或小部件在量产条件下，如何确保该零部件的各项规范被控制在范围之内。包含的内容有：控制什么；如何控制；采用什么工具来实现，需要注意能够跑到零部件控制计划这个层级，意味着零部件已经可以量产，不再是研发阶段的零部件控制。世界先进企业项目持续一年，释放量产所做的零部件质量控制需要花费半年时间。大规模标准化产品比小批量多品种的定制化产品更注重零部件控制计划，如果产品是标准化产品，涉及批量稳定性，一旦出现一个零件质量问题，大批量的成品会受到影响，轻则召回，重则报废，如汽车行业的召回事件，大家也是耳熟能详的。而对于非标定制化产品，一台非标定制化产品是由标准部分+非标部分构成，对于标准部分，仍然是要做样品承认的，非标部分的零件属于项目制，做简单的装配确认即可，即使不合格，浪费一个也无多少成本，毕竟非标定制的数量是少的。

（1）控制计划的意义

1）控制计划是量产外购零部件入料检验的法律规范。

2）控制计划是产生问题后可以比对的样品。

3）控制计划是量产自制零部件确保制程稳健的控制点。

4）控制计划是"局部决定整体"这一哲学思想的体现，若细节都不稳定，则难以指望整个产品稳定。

5）控制计划为后续稳定的量产打下坚实基础而不是常态化产生制造障碍。

（2）控制计划的路线

对于没有样品承认意识的单位，通常产生一个零件控制计划的路线如图 2.14 所示。

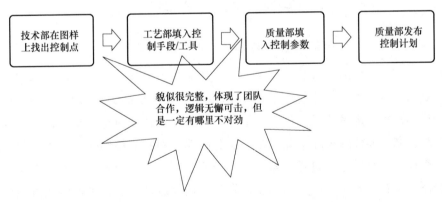

图 2.14　没有样品承认意识的零件控制计划的路线

图 2.14 中的这种方式看起来团队合作、并行工程都有，可是这是形而上学的，最大的不合理之处是未考虑到开量产模的实际零部件状况而提出来的量产零部件控制计划是不切实际的，详细解释如下。

1）根据产品功能在图样上圈出控制点是对的，但是没有考虑到根据模具结构,实际生产中该参数有可能永远都会做到合格,控制该参数是没有意义的,如孔中心距⊖。

2)实际首检后的零部件尺寸,有些非关键尺寸就是没有做到规范,这些尺寸就一定不要控制么?非关键尺寸对关键尺寸有影响。

3)若仅根据理论设计参数来管控后续的零部件,在尺寸持续做不到位的情况下,会导致长期在签让步放行单,进入恶性循环。

4)经常存在实际材料和图样材料不一致的情况,导致各种抱怨和救火。如果真切地执行了样品承认,在这个承认报告中即使存在替代材料,也有替代材料的认证过程,这样即使采用了不一致的材料,也有数据可以联通,而不是完全断裂。

正确的零部件控制计划产生的路线如图 2.15 所示。

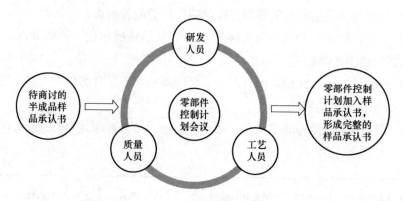

图 2.15　正确的零部件控制计划产生的路线

没有先决条件的半成品样品承认书,是无法做出真正指导量产的零部件控制计划的,零部件控制计划是样品承认书最后一步达成的关键结论。

讲到这里,逻辑关系已经很清楚了,零部件控制计划是样品承认书中的最后一环,基于零件的实际状况,在会议上达成"到底要控制什么"的目标,这是一个现场会议讨论的过程,而不是每个职能部门坐在位置上,随意点选几个来控制,没有当面讨论产生的控制计划都是伪控制计划。这种产生的方式就是 PPAP 的一个典型的方式——团队讨论。这是西方国家典型的做法,但是不幸的是,在我国,由于几十年来形成的根深蒂固的观念,通常就是由部门助理拿着一个单子在各个部门跑,万一某个部门还不签字,要反复好多次,非常耗费时

⊖　按专门的模具设计经验,极少数情况下会存在合模没有错位而孔中心距偏位。——著者注

间,而且做出来的控制计划还不对。为什么不能一次性坐在一起,共同在那一刻决定真实的控制计划呢?在中国崛起为超级大国之际,国内的一线大制造业单位已经在切实执行PPAP的这种方式,达成真正的高效样品承认,希望大部分中小企业可以深度思考,痛定思痛,完全意识到这种控制计划产生方式的重要性。

基于完整的闭环,零部件控制计划不是一个孤立的过程,是样品承认体系中的最后一环。

再次说明样品承认具有如下巨大意义。

1) 确保零部件质量稳定性,进而保证整个产品的稳定。

2) 样品承认是后续量产入料检验的规范,大量减少不良品放行单的签发,因为在第一次签样时已经确定了允收尺寸。

3) 尊重研发设计,无须一次次修改设计图,宽放公差。

4) 审核制程稳健的依据,是否和样品一致。

5) 不得随意更换同类型原材料供应商,除非走工程变更流程,确保可控。

6) 可追溯性,迅速找到问题零部件评判的标准。

7) 外购样品需要签样给供应商,因此对供应商产生天然的推动作用,要做到和样品一致,而不是想着让不良品走上客户生产线。

8) 推行样品承认体系的过程中,倒推内部流程的完善(如限定问题在释放前解决而不是后续紧急救急),倒推研发/技术部项目经理是样品承认的第一负责人等。

9) 为后续稳定的量产打下坚实基础而不是常态化产生制造障碍。

10) 摒弃图样转阶段的传统做法,转阶段硬生生地把标准产品做成非标产品,这是一种倒退。

11) 和行业内先进企业保持一致,在释放量产前,新产品的样品承认已经完成。

(3) 控制计划的负责人

零部件控制计划的第一负责人是研发部,工艺部和质量部做大量的工作,最终该文件由质量部管理。零部件控制计划是样品承认书现场会议上达成的结论,是后续零部件控制的规范,是样品承认书的关键一环。根据计划、执行、检查、纠正(Pan、Do、Check、Action,PDCA)循环,零部件控制计划是一个持续动态更新的过程,不是"一锤子买卖"。

在研发释放量产阶段,零部件控制计划的完成充分践行了质量、工艺的同步工程。

在更大体系内的循环路线是：半成品样品承认书→研发/技术、工艺、质量三方会议→零部件控制计划→零部件审核计划→成品样品承认书→工程变更→做新的半成品样品承认书……

2.3.3 样品承认的全过程

1. 样品承认书内容

至此，知晓了样品承认书的意义、产生路径、阶段、负责人等，还有一个关键点没有说到，即样品承认是 PPAP 的精简版，但是如何精简呢，各个企业有各个企业的做法，基于产品的侧重点来开展，例如，这个产品的环保属性非常重要，ROHS 毫无疑问是必选项；若这个产品的装配效果非常重要，实装验证就是必选项。没有固定的精简模板，但是根据企业和产品特色，一定可以将需要的管控点固化下来，以下是某单位基于 PPAP 形成的样品承认书要做的清单。

1）承认书封面。
2）图样。
3）5 模全尺寸报告（First Article Inspection Report，FAIR）。
4）零部件关键尺寸的 CP/CPK 报告，即制程能力指数报告，测量 32 模产品。
5）材质证明。
6）物性表。
7）绿色产品检测报告。
8）绿色产品承诺书。
9）成型参数表，注意该成型参数表一定是匹配送样样品，成型参数表跟随样品一起提供给质量部（以模具件为例，其他加工类型零件类似，读者可以自行拟定）。
10）会签样品照片。
11）试装合格照片。
12）包装运输规范。
13）零部件控制计划（Part Quality Plan，PQP）。
14）零部件审核计划（Audit Sheet）。

针对外购组件，还需要提供如下信息：

出厂性能验证报告、包装规范、外观检测报告、厂内组装规范（以便质量审核）、其他特殊要求等信息。

针对厂内焊接件和铆接件的承认，需要有以下内容。

1）封面。
2）图样，含规定的焊接铆接技术要求。
3）焊接，铆接操作规范。
4）焊接，铆接后的测试结果。
5）关键要求的 CP/CPK 报告。
6）承诺书，关于被焊接零件已经符合零部件承认书。
7）会签样品照片。
8）试装合格照片。
9）包装运输规范。
10）PQP。
11）零部件审核计划。

以上这些要求，基本都存在于原始的 PPAP 清单里面，抓住核心，在国内企业中较好地达成了质量和效率的平衡，不会像西方的工程师那样优哉游哉，也不会精简后把关键的内容遗弃，真正地为促进产品的高质、高效量产保驾护航。

在样品承认报告完成后，是不是就这么一劳永逸了呢？不是的，按照哲学观点，万事万物都处于运动变化之中。逝者如斯夫，不舍昼夜。工业制造业永远处于变化之中，如果样品承认到此为止，意味着这家企业对零件稳定性的追求止步于此，仍然是一个做表面文章的企业。正确的方式是还有下一步，只要企业没有关门，就永不停歇。

2. 样品库

当完成零部件认可后，就要建立样品库，样品库的阐述如下。

1）样品库里的零部件对应了样品承认报告，仅对样品负责，如医院检验报告会标注清楚仅对该标本负责。

2）该样品是可以量产的样品，是做过 CPK 报告的，并不是完美样品（Golden Sample），若供应商提交完美样品，要么供方对自己的生产制程极度自信，要么是无知者无畏。

3）样品库需要不良品样品。

4）样品原则上有效期为一年，在一年过后要集中重新更换承认样品，同样该批生产样品匹配了对应的承认报告。

5）样品室有环境要求，高温高湿的环境会加速样品老化，单位需要根据材料属性建立环境合适的样品室。

6）样品的签字要签在零部件表面，使用长期不能褪色的签字笔签字，签字内容包括部门、姓名、日期及"已承认"字样。

3. 签样

样品库里的零部件需要签样，签样需要遵循固定的原则，不是随意拿一个零件署上名字即可，这是对自身、企业、供应方的极度不负责任，而很多没有经历过体系化熏陶的工程师，为了项目能够早日推进，只要产品能够敲敲打打装起来，型式试验通过，即使零件做得再不合规，都闭着眼睛签字，这是要不得的。这种方式在粗放式增长的环境下，是仅仅以结果为导向的、以成败论英雄的做法，可是国家工业化发展这么多年了，这种只强调结果不注重过程的方式已经行不通了，因为在不合格零件签样的那一刻，那个不合格零件碰巧通过了组装和型式试验，但是不能代表后期是稳定的，出问题是迟早的。不能以一次通过这种极端侥幸的机会代表后续就是普遍稳定的，不能以极端代替普遍，当下是要讲究概率统计的。鉴于此，签样需要遵循如下原则，由研发/技术部签样给供应方。

1）样品仅供结构参考，尺寸以客户承认的尺寸为准。

2）样品有效期为一年，若有超过一年的样品请及时报废。重新送样到客户承认并提供相关尺寸。

3）零件结构在一年内若有设计变化，有最新签样时须将上版本的样品报废。

4）在签样时须实装检验零件是否装配正常，如果实装正常，该样品装配情况以实装时为准。

5）若在签样完后，产品正常装配发现新异常，而此种异常并没有在首次实装或试生产时发现，需要共同解决此问题，重新签样，因为在签样时并不能考虑到方方面面，不能以签样为借口而推诿。

6）设计变更后需要试生产的零件签临时限量样品，限量数量以需要试生产的数量为准。在试生产合格后再签正式样品。

7）在样品有效期内，如遇产品老化、自然变形、人为损坏等，该样品不负责任。因为样品仅告知供方在签样时什么部位是什么样的。供方有义务保证量产的零件与当时的签样一致。

8)若供方无法保证正常生产的零件与样品一致,或者发生新异常时以样品而推诿,则以图样为准。

9)研发部主要负责产品从试做到量产的转移,因此研发的样品仅适用于试做,因为试做时产量很小,故少量隐藏深刻的问题难以被发现,在量产时产生的问题将不能用研发的样品来推诿。

综上所述,签样是极其严谨的事,也是花费最少的成本控制好零件质量,不让问题留到客户端,导致指数级的质量损失,各方都有这个意识后,必将倒逼供应方送样承认时对尺寸、性能要求严谨,来不得半点马虎,具体原则如下。

1)供方需提供至少10模产品以便客户完成承认工作。

2)所测试尺寸要测试5模以得到平均值,不能测试1模,因为可能存在测量误差导致该尺寸不合格,多次测量会接近真实值。

3)提供CPK报告时数值不能为负数,因为需要测试的尺寸均为关键功能(Critical To Function,CTF)尺寸,一旦数值为负数则表明CTF尺寸有超差。此时供方需要重新处理,保证CTF尺寸的合格且CPK≥1.33。

4)全尺寸报告中的CTF尺寸数值应与CPK报告中的CTF尺寸数值保持一致。

5)在测量尺寸时,原则上不能使零件受到外力(如治具矫正),需要保证零件在自然状态下才能测试。若要使零件在受外力的情况下测试,需要得到工艺及入料检验的认可。

6)不能因为想要得到客户的承认而提供假报告,客户只会认为供方提供的尺寸是真实的,一旦被客户发现造假,由此导致的所有责任由供方负责。

7)若有尺寸测试方面的疑惑,要联系客户入料检验达成如何测量的共识。

8)供方在零件设计变更完后,不能仅提供设计变更部分尺寸报告,仍然需要提供全尺寸报告。因为零件结构改变后,会对成型时整个产品产生影响。供方需要保证在设计变更过后,其他尺寸仍然合格,因为入料检验在入料检查测量尺寸时不会考虑是否有设计变更。

4. 交接

严谨的样品承认及签样完成后,模具资产要从研发端转移到工厂端,工厂端的接口通常为工艺部或工程部,在正式交割给工厂端后,后续模具修改的一切事务由工厂端的工艺部或工程部负责。为保证严格的交接,需要遵循如下原则。

1）零件尺寸测试在公差极限时不能接收，因为供方可能会为得到承认而想尽办法把零件调试到尺寸合格，然而此条件不能应用于量产，此情况会导致量产首次送料时即尺寸不合格。关键尺寸的制程能力指数 CPK≥1.33。

2）样品承认报告已经完成。

3）供方在正常量产送 3 次不同生产日期的零件尺寸合格且不在尺寸极限，样品尺寸也合格，可以考虑接收。尺寸数据原则上以入料检验测量为准，有争议时研发部、入料检验、工艺部共同商讨解决方案。

4）工艺相关负责人需要同供方确认模具状况，不能仅以入料检验、研发部的观点为准。

5）研发部不能跳过入料检验而在某些情况下直接将模具移交工艺部，一旦发现，工艺部将模具退回研发部，并且产生的问题全部由研发部负责。

6）在模具通过正常渠道移交过来之后，若产生问题，工艺部全权负责。

本节介绍了从世界先进企业中走出来的 PPAP 如何接地气地在国内企业界生根发芽。在数字化时代，在全生命周期用数字化平台打通的情况下，每一个 PPAP 节点如何结构化呢？PPAP 就是一个非常需要在平台中结构化的业务，可是难度实在太大，精简版的样品承认是否可以呢？答案显然是可以的，具体如何在数字化平台中实现，将在 5.2 节的样品承认的结构化实现中详细阐述。

PPAP 是一个体系化的端到端的面过程，不是 MSA、SPC 那样的点工具，因此要花费大量的篇幅讲清楚，这是一个"西瓜"那么大的流程，不能被缩水成"芝麻"大的流程点，5.2 节在讲述样品承认的数字化业务蓝图时会专门讲解到。

需要强调的是，无论企业里面的质量部如何弱势或强势，PPAP 都不应由质量部来负责，PPAP 的第一负责人是研发部，分解下来的事务该质量部做就是质量部做，该工艺部负责就是工艺部负责，有好多企业断章取义地看到 PPAP 是 TS16949 的质量工具，就理所当然地将 PPAP 甩给质量部，这是不负责任的做法，研发部难道只要画一个零件样子出来吗，都不要懂质量，不要懂制造工艺？设计为制造服务基本上都是一个口号。PPAP 甩给质量部后，质量部人员是无论如何都难以精通产品的，通常在正规的企业里，质量部存在的核心价值在于供应商管理、监督、审核、体系建设、协助分析质量问题等，做预防胜于治疗的工作。由质量部来主导 PPAP 会沦为一个笑话。有道是师出有名才能名正言顺，不搞清楚 PPAP 从哪里来，要到哪里去，硬生生地强推，会名不正、言不顺，最终一地鸡毛。

样品承认是工艺人员零件制造能力的结果展示，工艺人员的调试焊接、注塑、冲压、铆接、机械加工等的各类最终参数都体现在样品承认报告的参数表里。样品承认，既是管理的过程，又是技术的过程，两者充分地融合在一起。释放量产前，即使样品承认不是由工艺部负责，工艺部仍然做了90%以上的事情，释放量产后，工艺部更加责无旁贷，毕竟工艺国家标准对相关职责有着严格规定。

2.4 生产线设计

首先以一个制造业的小场景来展示当前工艺进行生产线设计。

总经理：为什么本次新产品释放没有成功？

项目经理：因为生产部不愿意验收配套新产品的新生产线。

总经理：工艺，怎么回事？

工艺经理：我已经按照当时生产线设计要求上规定的内容交付了生产线，产能也达标了，生产部就是不签字，我也没有办法。

生产经理：你还好意思说，生产线那么多问题，你怎么好意思拿给我签字的？

工艺经理：按照你已经签字的编制的技术协议，其实早就达到了设计标准，在生产线实施期间，你加了一个又一个要求，都不在协议范围内，然后我还要一个个地给你解决，导致验收遥遥无期，这又是哪门子的道理呢？

生产经理：难道我当时签了个字，我就不能在后续发现不对的时候纠正了？生产线涉及方方面面，我不可能签字确认到螺栓级别吧。

工艺经理：你这是把小事情无限制地扩大化，要抓重点，不是眉毛胡子一把抓。

总经理：你们别吵，回去把问题列出来，我来和你们商讨哪些问题要解决了才好释放量产，真是心累。

只要是工艺人员，对该场景一定见怪不怪，生产部在企业定位为执行单位，生产线由工艺部负责设计，故生产经理不愿意验收，喜欢把问题无限制放大，因为一旦验收，后续所有的事情都要到生产部那边常态化地设备维护，但是工艺经理希望尽早验收，否则新产品不能释放量产的巨大的责任是指向工艺部的，这种矛盾似乎已经不可调和。这和作业指导书类似，是一件"道高一尺，魔高一丈"的事务。

本节将展示如何达成真正的生产线设计，尽可能地顺利释放量产，在继续叙述之前，还是要展示工艺国家标准规定生产线设计由工艺人员负责。

GB/T 24737.4—2012明确规定了工艺部门需要进行工艺方案设计，相关规定如下：

1）新产品样机试制工艺方案：提出必要的设备和工艺装备（专用）购置、设计、代用、制造建议；主要材料消耗和劳动消耗工艺定额的估算。

2）小批试制工艺方案：完善设备、工艺装备的购置、设计、改进建议；工艺平面布局设计；生产节拍、工时要求及工艺关键件制造周期。

3）批量生产工艺方案：完善设备、工艺装备的配置方案，提出购置、设计、改进及验证要求；提出装配方案和工艺平面布局的调整方案；专用设备或生产线的设计、制造意见；产能分析和对生产节拍及物料配送的安排。

国家标准规定了由工艺部门来设计生产线，这是无可争议的要求，都无须深入一层解读，那么工艺人员要如何设计好一条生产线呢？

生产线设计方法论是一个系统综合性工程，生产线的设计需要从整个厂区的宏观层面来考量，基于整个工厂的原始布局，设计生产线的每个细节。生产线设计通常由八大步骤构成：初始规范→产能和需求→产品架构→产品流程→物料供给→生产线布局→管理→投资回报。

在厂房建设之前，即需要考虑到生产线精益摆放的位置，需要有全局观的生产线布局，充分考虑未来参观流、物料流、产品流、信息流的顺畅和最经济距离，在此情况下，考虑厂房布局的立柱位置，体现了局部决定整体的要求。

Layout是整个工厂的布置图，包含了生产线、仓库、入料检、出货检、包装、办公区、维修区、研发工坊等显著的功能区，清晰、直观、可控，有工业美感。

根据实际市场产能的波动或内部效率的提升，工厂布局一直处于动态变动中。

通常在制造行业，布局每年一小变，三年一大变，单位面积的产出可以考虑作为KPI指标，这样会对单位产生精益改善节约生产线面积的动力，而不仅仅是摊大饼式地铺满产品。

员工休息区和生产线长办公区是生产线的一部分，休息区应距离员工较近，距离太远会导致移动距离太大（因此不能设置集中休息区），50m距离是推荐最长距离。

生产线改善或未来建设新生产线时要遵循如下原则。

1）仓库垂直于生产线，离生产线间距 3m，满足最小移动原则和消防通道 3m 的要求。

2）仓库外面有备料区，备料区用于提前准备好一段时间内生产需要的物料，以防生产突发缺料状况而导致无效等待。备料区不能无限大而导致仓库无主次之分，通常深度方向放置两台 1200mm×800mm 的配料车即可。

3）仓库→生产线→发货区是"一条龙"，不走回头路。

4）每条生产线间隔 3m，小火车送料时不走回头路。

5）每条生产线的区域内有线长办公区和小型员工休息区。

6）生产区域不得用围栏围起来，要采用开放式生产线，便于补料和可视化。

7）收货检验区紧邻仓库。

8）仓库采用有进有出的双门，不要共用仓门。

9）厂房立柱顺生产线流向，不能垂直于生产线流向。

10）参观通道同样不走回头路，故不能布局为十字架生产布局，会导致参观走回头路，小火车送料无法调头。

11）布局可视化程度越高越好，布局应确保开门进入工厂即可看到全局。

12）生产所用的水、电、气走架空线，禁止走地面。

图 2.16 和图 2.17 所示的生产线布局案例较好地实践了以上这些原则。

图 2.16　生产线布局案例实景（图片来源：某国内领先离散制造企业）

制造工艺体系实践

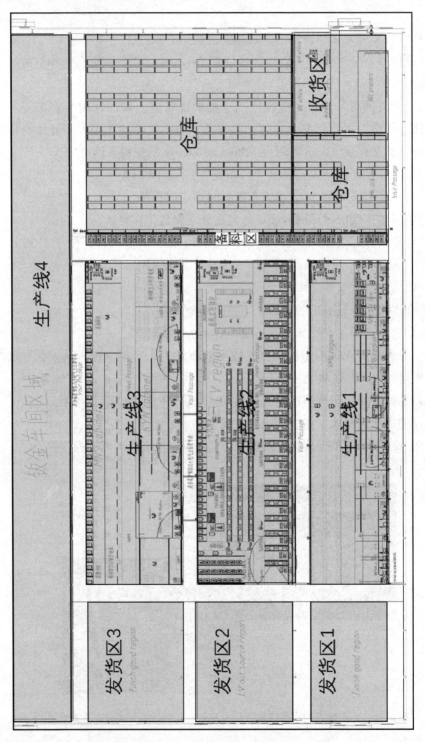

图 2.17 总体规整的布局图

92

生产线在厂区的位置定好之后，便进入生产区域设计环节，强烈注意：只有在产能利用率为100%时，才适合投资做自动化生产线，否则投资手动线或低成本自动化线（Low Cost Automation，LCA），即使用传动链条、简单齿轮传动、气缸等实现的半自动化。

现实情况是大量的制造单位投资建立的自动化生产线利用率偏低，存在无效的设备折旧，浪费了资源和资金，建设新生产线需要注意。

生产线的设计可以认为是大型产品的设计，同样要遵守设计八大准则。

1. 第一步：初始规范

知晓该产品的长宽高最大尺寸，用于初步估算占用面积；知晓产品的最大重量以预估生产线的承重。

针对从零开始建立的生产线，需要知晓市场的需求，通常，市场部难以给出准确的市场需求，若没有相对准确的需求提供，将导致建立生产线所产生的各种数据均是错误的，因此单位高层有责任推动前端市场部做出相对准确的预测，预测未来三年的需求量。

针对现有产品线随市场波动导致生产线的扩大或缩小，同样需要市场部的预测，结合历史数据给出某些型号数量，定下典型机型，对于混线生产的定制化产品，定义典型机型的原则是查找过去三年历史数据中哪款型号的数量占比达到80%，若达到80%，设计生产线以该款产品为典型型号，但是应注意，生产区域的最终大小还是由最大机型决定，若没有哪款产品数量达到80%，需计算加权平均后的型号。

针对相对单一且标准无定制产品，则比较简单，混线生产的类型比较少，确定典型机型比较方便。可采用柏拉图的形式统计出机型的占比，如图2.18所示。

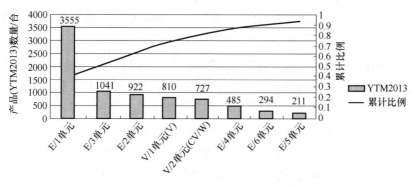

图2.18 柏拉图定机型占比

提供制造基础时间，作为后续一系列数据演算的最原始输入，见表2.2。

表2.2 用于后端输入的初始参数表

	每班工作时间/h	7.5
	班数/班	1
	每天工作时间/h	7.5
制造基础时间	每周工作天数/天	6
	年度周数/周	52
	年度工作时数/h	2340
工业效率（IE）		0.43
生产率（KE）		0.87

本步骤的关键点是前端给出的市场需求是准确的，如图2.19所示。

图2.19 准确的市场需求催生出准确的生产节拍

2. 第二步：需求及产能

针对从无到有的生产线建设，得知市场年度需求（C_{max}）后，需要知晓生产节拍=年度工作时数×60/C_{max}，每个工位的节拍时间就等于生产节拍，需要订购的设备的生产节拍不超过该节拍才能确保设备不是瓶颈，该参数应提供给设备供应商。

针对现有生产线，因为产能的增加而需要重新设计生产线时，需要在历史数据中找到该生产线的瓶颈工位的产出，然后比对现有市场需求是否可以达到满足，若本身设备在建造时即留有余量或有升级的机会，则无须投资新设备，否则需要投资新的设备。需要注意，在设计生产线时，设备永远是瓶颈，人员是机动调配，不能把人员说成瓶颈，这样显得非常不专业。

表2.3列出了各种机型混线生产的加权平均工时统计表，注意加权平均时间的计算方式，需要在表中找出设备对应的时间，尽管其他人工装配的工时大

于设备的时间。例如，C0 工位的加权平均时间是 25.93min，这是设备工时；D0 工位是人工装配工位，加权平均时间是 27.36min，但是所需的时间却是该生产线中含大型设备工位的最长时间 C0。

表 2.3　每个工位的工时统计表

机型	数量/台	A-1/min	B0/min	D0/min	C0/min
机型 1	471.96	104.62	148.67	113.27	148.67
机型 2	407.60	190.22	155.91	432.06	152.85
机型 3	42.91	18.59	16.41	14.59	16.09
机型 4	202.61	67.54	77.50	44.57	75.98
机型 5	97.73	37.46	37.38	27.36	36.65
机型 6	73.89	28.33	28.26	23.65	27.71
机型 7	476.73	238.37	210.95	190.69	207.38
机型 8	1873.55	843.10	829.05	749.42	815.00
机型 9	121.57	60.78	53.79	64.43	52.88
机型 10	693.64	369.94	358.96	374.57	395.38
加权平均时间/min		26.34	25.78	27.36	25.93

客户需求和产能之间的差异需要算出，以此得出设备的最大产能是否可以满足客户的需求，需要计算未来三年的需求，一般来讲，未来三年有 20% 的复合增长率，图 2.20 所示为未来三年一样的产能，无论有没有增长，生产线设计的工程师均以市场部给出的数据为准。图 2.20 显示了现有设备的产能本身就有余量，无须投资新的设备，因此，数据的加权平均考量给予是否需要投资的准确判断，若以极端机型的极端工时来考量，可能需要投资新的设备。精益生产线的建设需要每一个步骤均是数据推算出来的而不是估算的。

本步骤的关键是甄别现有产能和市场需求是否匹配，如图 2.21 所示。

3. 第三步：产品架构

差异树（Different Tree）是体现生产线设计标准化程度的指标，其形象图如图 2.22 所示，生产线必定由多个流水线工位构成，当把同一个零件放入不同的工位，即产生装配的先后顺序，混乱的安排会导致从第一个工位即开始分叉，分叉导致各种工装夹具费用上升，若合理安排工位顺序，把需要变化的零件安排到最后一个工位,可变的工装夹具只要一套,前端工位均为标准化。

客户需求和厂内节拍的对比			目标年度
	2019	2020	2021
客户需求/(台/年)	4462	4462	4462
年度工作时数/(h/年)	2340	2340	2340
生产年度最大产能/(台/年)	5414	5414	5414
需求和产能差异(%)	21%	21%	21%
生产线节拍/min	25.9	25.9	25.9
每小时产出/台	3	3	3

图 2.20　厂内产能和客户需求的对比

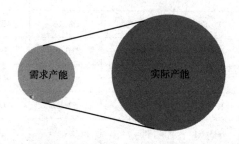

图 2.21　需求产能和实际产能的甄别以防止盲目投资

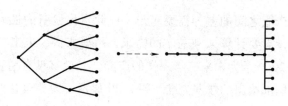

图 2.22　差异树形象图

生产线设计上同样需要使用差异后置,基于产品结构,需要得到产品的差异树,知晓到底该产品的差异比例是多少,非标定制行业内的标准是差异在 0~80% 属于合理,80%~95% 需要改善,90%~100% 属于急需改善。

为达成要求,必将倒逼企业通过各种手段(如统一零部件、统一材质、统一测试顺序等)来达成差异减小的目标。若设计出来的生产线差异指数不达标,必将导致生产线设计的成本巨大。

差异树适用于生产线的主线和部装线。

4. 第四步：制程设计

工位数量设计的第一步不是根据产品结构，而是根据最前端的市场需求和研发交付的工时数据来初步定义。举例说明：假设一款产品的年度市场部需求是 4680 台，年度工作小时数是 2340h，每出一台产品的时间是 2340×60/4680＝30min，即节拍时间是 30min，研发部新设计的产品从头至尾做出来需要的工时设计时间是 300min，生产率是 90%（生产率硬性参数在第一步即作为设计参数给出），人员的数量＝300/0.9/30＝11.11，考量到人员的能力及数量的波动率，通常手动装配线的波动率设定为 30%，若有全自动化线则波动率为 0。

根据精益生产原则，在流水线上一个工位安排一个员工，由于定制化及员工技能难以统一，必将导致工位之间的不平衡波动，于是操作员工在工作期间需要可以互助本身工位的前后两个工位，注意是前后相邻工位而不是距离很远的工位。在此原则下，工位数需要大于等于员工数量，因此例子中的推荐的工位数量＝11.11/（1-30%）＝15.87。该数值是推荐计算值而非强制值。

基于推荐的数值，工程师需要调节数值以匹配实际的需求，通常建设生产线是一条线，而不会一下子建多条线，因此第一个参数生产线的数量是 1，员工数量一般等于工位数量，因此工位数量和员工数量可以在 11.11~15.87 之间选择，若假定人员和工位都为 12，则可以计算出波动率为 1-12/12＝0，各种人员和工位的配比应保证该生产线的年度产能大于 4680。有计算的表格可参考图 2.23，可以演示各种匹配度，工程师需要找到最优化的方案。从图 2.23 中可以看到，方案 1 最匹配，方案 2 达不到年度产能需求。

计算出初步匹配性后，需要计算生产线的不平衡率，不平衡率基于工时的准确性，计算公式是（最大值-平均值）/最大值。这是衡量生产线波动的指标。世界先进制造业单位有选择 20%、10% 的不平衡率，但根据实践，10% 的不平衡率是不现实的。

计算不平衡率时要求要有全局观的意识而不是仅仅聚焦局部点。局部点改动是重要的，但是改动要放在整个体系中考察效果。

理想状态的不平衡率是 0%。实际上，无论如何努力，不平衡率永远存在，因此需要规范。

设计新线，改善前后需要计算线体的不平衡率。

针对新线，在设计初期得到研发部释放量产后的初步工时数据后，生产的工艺工程师计算出初步工位数量和人员数量后，根据工位不平衡率的要求及产品结构，拆分每个工位的操作内容，力求从这两个维度得到操作内容的工时不

波动参考率：	30%		颜色显示：	
单元最多员工数：	15		信息输入	
时间单位：	min		自动计算	
人机工程最小周期	0.25			

架构定义

产能需求和节拍参考 目标年度：2019.2020.2021	产能需求 4,680 p/y	年度工作时数 2,340 h/y	参考节拍 30.00 min	
制造时间 单位：min	DT 300.00 min	KE 0.90	OTR 333.33 min	
员工数量 工位数量	(= OTR/ 参考节拍) (= 员工数量 /(1- 波动率))		11.1 15.9	

	最终方案 方案1		方案2		理论计算
生产线数量	1		1		1.0
工位数量	12	15.9	15	15.9	15.9
员工数量	12	11.1	10	11.1	11.1
波动率			33%		30%
每小时产出	2		2		2
年度产出	5,054		4,212		4,680
参考节拍	30.00		30.00		30.00
效率操作节拍	27.00		27.00		27.00
DT计算节拍	25.00		20.00		18.90

图 2.23 某离散制造企业的方案表

平衡率控制在20%以内。

基于工艺工程师的不平衡性数据、工位数量、人员数据、产品结构，得出产品的工艺流程图，工艺流程图有一条主线贯穿，部装线垂直于主线特定工位以实现最小化移动距离，有返工区规定了不良品的流向。

5. 第五步：物料主数据

本步包括工装夹具周转车工作台的设计，供料小火车的周期计算，价值流程。根据第四步中不平衡率要求定义的工位时间，进而定义每个工位需要的物料，工艺工程师需要给出工位最基础的物料数据，该物料数据展示了工位物料的消耗周期、物料的属性、使用看板料盒还是周转车补料、超市看板和顺序拉动的组合使用等，若定制化产品较多，大部分单位仅使用先进先出（First In First Out，FIFO）送料方式，很少量的单位使用超市看板送料方式，而追求的目标是大量使用超市看板送料，超市看板的物料和专门订单不挂钩。

只有基于物料主数据充分且准确的前提下，才可以进行生产线硬件的设计，例如，一体化工作台的大小由微小单元看板物料盒的大小和数量决定，工作台不光用来放置看板物料，还要兼顾人机工程学的要求，如操作台面离地80cm，台面深度41.5cm，最大宽度不要超过180cm等硬性要求，工作台应符合人机工程要求。一体化工作台的样式如图2.24所示，有进料通道和空料盒回收通道，有为操作员工服务的信息展示看板。

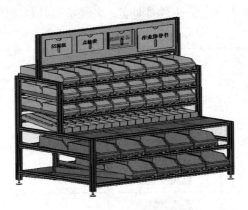

图 2.24　一体化工作台

配料制的物料需要设计专门的物料周转车，周转车等工装夹具上物料原则上不要超过 3 个步骤，步骤太多会降低直接生产率，生产线设计工程师要基于该原则设计生产装备，多采用快速夹钳进行物料装夹。根据生产线的消耗周期计算出需要制作的数量，通常情况下，精益生产做得优秀的话，需要的数量最少是 3 台，一台在生产线，一台在仓库，一台在备料区（备料区是重要的，若无备料区，生产线需要改善）。设计周转车同样需要符合人机工程的要求，同时考虑可以用小火车拉动，典型的案例如图 2.25 所示。

图 2.25　某离散制造企业的周转车

根据设计的周转车，需要定义小火车的补料周期，小火车在外资企业里又称作水蜘蛛（Water spider），精益生产的要求是需要使用小火车补料而不是使用叉车补料，这一做法的好处是不需要人拉货，开着电动车按照既定路线在厂区走一圈，各个生产线的物料补完再进入下一个循环，送料的同时带走现场垃圾，效率非常高。更高等级的生产线采用无人小火车（AGV）配合地面磁钉或红外感应进行补料，其效率更高。无论如何高端的装备，都是基于工程师给出的基础数据来工作。表2.4列出了补料周期表，最经济的补料路线需要精确规划。

表2.4 补料周期表

序号	物料	配料方式	图片	每次配料数量	生产线1每班配料频率	生产线2每班配料频率	尺寸/mm（长×宽×高）
1	套管	单独推动配料小车		160	7	4	1200×800×800
2	开关	单独推动配料小车		9	3	2	1200×800×1000
3	机构	单独推动配料小车		12	18	14	1200×800×1000
4	门板	小火车拉动配料车		50	3	2	1200×800×1200
5	气箱侧板	小火车拉动配料车		50	1	1	1200×800×900

需要重点说明的是，在生产线设计初期，生产线设计工程师根据价值、使用频率、产品结构定义出来的初步看板和配料（Kitting）清单是针对厂内的，不是针对厂外供应商的，故在生产线建好之后，外部因素（如供应商的交期、价格等）会随着生产运行而变化，此时就需要结合外部供应商的信息，及时更新配料或看板清单，进而改进工装夹具。例如，本来看板制的物料供应商交期突然加长，这个物料就要设定为配料制囤货以防止缺料。因此，高级的生产线设计工程师要预见未来的看板和配料的变动，在设计工装夹具时要考虑裕度，通常裕度为20%，工程师还可以在设计阶段就把计划部拉进生产线设计项目以获得计划部的反馈，这也是同步工程的体现。

针对新建设的生产线，需要运行一段时间后绘制价值流程图（Value Stream Map，VSM）；针对改制生产线，需要绘制现状图和将来图，顾名思义，做价值流程的目的即把价值流动起来，减少各个环节的拥堵，通常由制程周期效率（Production Cycle Efficiency，PCE）参数来衡量，制造业中做得比较好的单位的PCE为40%。

6. 第六步：生产布局

基于前述步骤的演算，每个工位的看板物料主数据决定了工作台的大小，配料物料主数据决定了配料车的大小和数量，人员操作经济半径（走动3m以内是合理的）等因素决定了该工位的大小，上下两个工位间的理论在制品数量和大小决定了两个工位的占地面积，不良品的转移决定了测试工位的大小，以上因素的集合最终决定了生产线的大小和结构。一个典型的定制化或非定制化产品生产线将满足如下最基本要求（图2.26所示的特定生产线总体布局图就满足这些要求）。

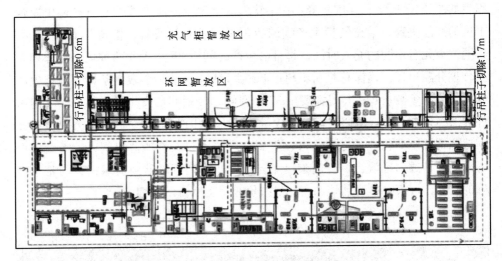

图2.26　满足要求的特定生产线总体布局图

1）单件流，一个工位配置一个操作员工。
2）弹性和柔性，工位和员工可随产能的增减而变化。
3）物料供给靠边，补料不能影响到操作员工。
4）生产线开放式、可视化，不使用围栏影响送料。
5）定制化生产线主线采用直线形式，部装线采用单工位或U型线。
6）每个工位配置看板工作台和配料区（若有）。
7）先进先出，不走回头路。

8）有滑轮必有相配合的地轨，轮式周转车在线内必在地轨内。

9）禁止使用叉车补料，设计带轮周转车补料。

10）大型行吊只在包装区使用，线内使用悬臂吊或助力机器人，专人专用。

7. 第七步：线体的管理

线体建设报价需要的事项清单需要由工程师列出，按工位划分，按照操作先后顺序把线体建设列出细节的工程，以求尽量细化每个环节，而不是到施工期间发现前期商讨不完善，进而导致各种费用增加，要求后续建设新线或改造现有线体时，除了项目书，一定还要提交工程量清单用于正式的报价。

新生产线设计完成后，需要告知计划部门如何为前端销售部提供准确交期，现状是销售来紧急订单，告知生产线紧急交货，生产通常加班加点生产，围绕生产的每个部门都高度紧张，若有准确且简单的交期计算表提供给销售部，销售员只要在表格里面输入数量，即可知道该订单基本准确的交期，整个生产系统将不会紧张，工厂的运转会比较流畅，而不是到处在救火。最朴素的高级排程表如图2.27所示，详细解释：在不缺料的情况下，生产线的每日产能由瓶颈工位的产能决定，某充气柜生产线的瓶颈工位是充气设备，柜型有1～6单元，不同的单元有不同的充气时间，每日的生产时间有8h和11h两种规格，计划人员合理分配柜型，确保总时间不超过8h或11h，这是一个限制条件，根据生产线设计原始参数折算成每日需要出32个间隔，计划部在安排时增加一个限制条件（32个间隔），努力调剂柜型及数量达成不超工时和32个间隔的要求。在计划部确定好柜型和数量之后，可以得到相应的项目花费的总时间，考虑到生产各种问题导致的延误，该时间乘以1.3倍，即得到可以给到前端销售的基本准确的交期，该表要给到前端销售，供报价客户交期自助查询。

					充气柜每日排程推荐表					每日目标32个间隔		
序号	日期	柜型	柜型单元数	8h制柜型数量	11h制柜型数量	充气工时	充气辅助时间	8h制480min	11h制660min	8h间隔数	11h间隔数	项目天数计算(8h制)	项目天数计算(11h制)
1	2019.10.30		1	8	5	23	5	224	140	8	5	0.47	0.21
2	2019.10.30		2	0	2	47	5	0	104	0	4	0.00	0.16
3	2019.10.30		3	1	2	53	5	58	116	3	6	0.12	0.18
4	2019.10.30		4	1	1	73	5	78	78	4	4	0.16	0.12
5	2019.10.30		5	1	1	99	5	104	104	5	5	0.22	0.16
6	2019.10.30		6	1	1	107	5	112	112	6	6	0.23	0.17
总计								576	654	26	30	1.56	1.29
					不缺料状态下的真实生产周期							2.03	1.67

图2.27 最朴素的高级排程表（高级排程的基础）

每日产能文件提交的情况下，同样要提交每月的产能分析和制造管理报表，输入每月的需求和实际的产出,可以预警未来是否要增加投资或缩减产能,该文件由精益工程师在每个月底或下个月初提交给计划部,用于安排生产部检视产能是否满负荷或不足。当一班情况下,超过120%的负荷时,生产开启两班;当开启两班的情况下,仍然超过120%的负荷时,就要投资新的设备来满足市场需求。此处可以看出,精益生产是要把人的效能发挥到最大。

8. 第八步:投资回报(Return of Investment,ROI)

生产线的投资正常需要三年收回成本,因为精益生产线的变动是一年小变革、三年大变革,三年是下一个循环的起点,若三年还未收回成本,该投资失败。人力、工时、场地面积的节约是投资考量的主要因素。

此处要澄清,人力的节约不是以解雇员工为最后达成的结果,若是粗暴开除员工,违背了精益生产尊重员工、以人为本的宗旨,员工将抗拒做持续改进,因为当员工知道改善的最终结果会导致自己失业,是绝无动力支持改善工作。现今市场上,许多大型外资企业在中国崛起的情况下自身衰落,开启了裁员模式,而中资企业因改善达成的人员减少,会把员工调剂到新的岗位,或者单位开辟新的业务以吸纳员工。

工时的节约是通过各种优化,达成工时降低、产能增加。一般来讲,年度工时降低的KPI是工时降低5%,有些制造单位现有的操作工计薪模式是计件制,若工时的节约导致计件工资增加是好事,但是站在企业立场上说,企业是投资了新设备才达成了工时降低,单位不想增加工资发放而是倾向于降低工时定额,于是员工抗拒持续改善,进入死循环,解决的方式是推行计时制,根据准确的工时,计划部可以计算出当日的产出,若在各方面因素都完备的情况下,生产部仍然没有达成当日产出,是绩效不达标。大型的世界先进企业均使用计时制进行生产计划的安排。

任何一家单位的财务有义务计算出每日每平方米厂房费用是多少,该费用通常是1元,有KPI考核单位面积的产出,推荐制造单位增加单位面积产出的考核要求,以推动有效生产面积的持续减小,而产值持续增长或持平,若产值降低,有效生产面积要降低。通常,比较好的企业达到了定制化成品在2周之内出货,有效减少了厂内库存占用空间。推行即时(Just In Time,JIT)送料方式同样是一个减少零部件存放空间的有效手段,即工厂只有在需要的时候,才把需要数量的零件送到需要的工位上,这是工艺团队需要竭力推行的事务。

鉴于新时代下,一线劳动者素质普遍提高,再也不是几十年前劳动者基本都是没有受过教育的贫苦百姓的情况,新一代劳动者在国家大力提升基础教育的国情下，个人素质得到了极大的提高，有充分的自我思考能力和主观能动性，再也不能把员工当作高级机器来使用，传统的流水线生产抹杀了一线员工的创造力，逼迫员工8h只做最机械化、最枯燥、最简单重复的工作，浪费了员工的创造能力，员工被机器取代的风险极其巨大。

有远见的单位将结合员工能力，开发单元式生产系统作为流水线生产系统的有效补充。单元式生产系统有利于员工充分发挥主观能动性，因为需要一个人做所有步骤，该员工要具备多技能的能力，想方设法提升自身的业务能力，也从另一方面践行了我国对工匠精神的打造。

有些业务是适合单元式生产的（见图2.28），原先生产线非常凌乱，所谓的分工位生产也是极其凌乱的，即使是计件制生产，也只是班组计件然后再简单分配到个人，方式极其粗放，新的工装把原来分多个工位的生产转换为一个工位的生产，再配以半自动化，完全解决了该问题，可实现精准计件，具有环境整洁、人机工程优秀、步骤工时互锁、匹配国家智能制造战略等优势。

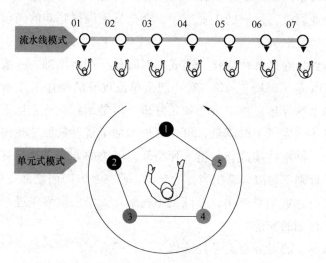

图2.28　流水线模式和单元式模式

因此，遇到单元式生产线设计时，生产线设计方法论和前述八个步骤有些许区别，可以这样解读：在单元式生产区域排布的单元工位外，观察到的生产节拍和流水线是一致的，所以工程师设计生产线需要活学活用，不拘泥于条条框框。

本节介绍的生产线设计全部基于底层数据计算而得出，每个环节均体现了数据从哪里来，到哪里去，数据的无缝贯通是生产线设计的核心，也为后续的数字孪生奠定基础。

生产线在数字化时代承载了太多的数字化呈现，仅仅是个增强现实（Augmented Reality，AR）展示是肤浅的，要深入到和产品强关联才能真正达成精益生产线设计，进而走向数字化生产线，若专注于表面文章，是伪数字化。

当工艺人员精确地计算到了未来生产线的方方面面，按照要求提供了工程量清单，明明白白地施工，将有效地避免生产部在验收时额外添加各种各样的新要求，导致难以验收。这种方式确保工艺人员设计生产线是有一个范围的，不是无限制地想扩大范围就扩大范围，这是保护工艺部自身和企业的好办法，不会在无效的事务上浪费精力。

国家标准规定，工艺人员要具有的生产线设计能力，在当下的数字化时代，生产实践极大地提升了工艺人员的技术能力，让工艺人员在就业市场上拥有独特的优势，不再仅仅是一个调参数师傅，而是一个有全局观的制造业资深人士。

2.5 工程变更

2.5.1 工程变更的负责部门

以一个制造业的小场景来展示当前工程变更的普遍现象。

总经理：我们怎么又吃了一张集团审计部开来的罚单？说是不同版本的零件在同一时间出现在生产线上，怎么回事？

研发经理：这是我部门要求的零件结构变更，我这边的研发工程师在3个月前就发出了工程变更通知单。

总经理：那为何三个月还没有完成新旧零件的切换，不切换倒也罢了，你们还新旧零件混用，我想要向集团高层解释都没有办法。

研发经理：……

工艺经理：是我改完模后的试模件在生产线上，但是为什么会有那么多？还没有做显著区分。

生产经理：我只是接收了仓库给我的物料罢了，他们告知我这个物料号就是要用的，物料版本没有标注。

总经理：太乱了，这个物料的工程变更单现在哪里？谁是第一负责人？

研发经理：是我这边的研发人员发起的，但是不好意思，我刚才问了下，单子已经不知道在哪里了。

总经理：罚款吧。

看到这里，经历过大量工程变更的工艺人员一定会会心一笑，这些凌乱的问题是长期存在的，工程变更执行得好的企业必定是管理非常完善的企业，各级员工都严格按照既定的流程开展工作，遗憾的是，这类企业并不多，这也是数字化转型的机会，要是管理完善的企业很多的话，就不会有数字化转型的事，因为管理做得好，一张 Excel 表格也代表了数字化转型成功，数字化转型转的就是管理，是把优秀的管理思路固化入数字化平台。

工程变更到底应该由哪个部门来执行呢？工艺国家标准中规定了工艺的变更自然由工艺部执行，相关规定如下。

(1) GB/T 24737.6—2012

工艺优化应综合考虑生产质量、时间、成本、柔性、安全、环保等因素，提高生产系统的运行效率、生产变化的适应性和工艺绿色性；工艺优化由工艺设计人员在新产品工艺设计（或工艺改进设计）过程中进行。

图 2.29 所示为工艺优化与评审工作框架，说明了工艺优化和评审的逻辑关系，显著地展示了工艺在产品开发和持续优化过程中的作用。

(2) GB/T 24737.8—2009

工艺验证时必须严格按工艺文件要求进行试生产；验证过程中，有关工艺和工装设计人员必须经常到生产现场进行跟踪考察，发现问题及时进行解决，并要详细记录问题发生的原因和解决的措施；验证过程中，工艺人员应认真听取生产操作者的合理化建议，对有助于改进工艺、工装的建议要积极采纳。

(3) GB/T 28282—2012

CAPP 应具有工艺更改过程管理功能，主要指定版发布的工艺文件，由于工程更改、工艺技术改进、生产需要等原因进行工艺更改、工艺临时更改的过程管理和控制，功能要求如下。

1）能够根据工程更改情况，检索相关零组件工艺，传送工程信息至相关人员。

2）能够根据工艺技术状态和工艺应用情况，确定工艺更改方式。

3）工艺更改通过审签流程管理后定版，形成新的工艺。

4）具有完善的版本管理功能，版本的升级、定版规范可设定配置。

5）具有工艺更改记录和汇总报表功能，能够实现工艺更改追溯。

从以上三个国家标准中，可以明确地知晓，工艺的变更不是工艺部门孤零

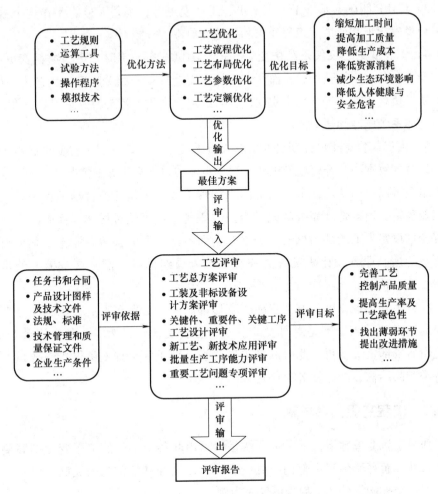

图 2.29 工艺优化与评审工作框架

零一个部门的事务,而是贯穿于产品开发、产品量产到制造优化的全生命周期。接下来仔细分析,以期得出工程变更到底应该由哪个部门来负责,该结论要符合如下逻辑关系。

1) 基于国家标准,工艺在产品开发期间就要充分介入,对产品开发过程中的工艺优化和制造评审负责,优化甚至含有了研发期间的试验方法,这里的职能就相当于研发制造工程师,做了这些事情,最终是为了高效、高质量制造服务。

2) 工艺的验证贯穿于新品释放量产前后,都需要到生产线上躬身入局,这些验证已经和产品开发、产品制造充分融合在了一起。

3）CAPP 明确显示基于工程变更、工艺变更等，工艺人员需要在这个数字化平台里发起工艺变更。工程变更和工艺变更不可分割。

4）工程变更不仅仅是结构变更，还有测试变更、工时变更、物料变更等，这些变更和制造现场强相关，而研发人员和制造现场的相关程度比工艺人员低，因为研发负责创新，工艺负责实现，各自的定位决定了各自的侧重点，这在第1章工艺体系中已经阐述清楚。

5）由仅仅着重于设计变更的研发人员来统管全局地开展工程变更必将力不从心，会导致本小节开篇场景里连工程变更流转单都会丢失的情况。

综上可以得出结论，由工艺部门来统管工程变更是合情合理的做法，也符合工业逻辑，很多管理完善的先进企业也正是采用了这种做法，优秀的企业把工程变更设置为工艺部的核心业务之一，而不是当下的很多企业把工程变更归于研发的核心业务，让研发人员和制造端人员纠缠在一起，这是极大的价值浪费。

在欧美先进企业里，由工艺部的变形部门——工程部来负责工程变更在全生命周期里的导入，不是由研发部负责工程变更的。当然，没有释放量产前，还是由研发部负责变更，此时的变更称为设计变更。工程变更仅指释放量产后的各类产品结构、制造要素的变更。

2.5.2　工程变更内容详解

厘清了该业务脉络，下一步自然是列出串联各个部门的工程变更到底要做什么事情，解释清楚每个部门要做的事情，以及和其他部门的关联。以某先进企业的一个外购零件的工程变更导入为例。

1）工程变更窗口：通知研发、零件工程、制程工程、质量、生产评估工程可行性；通知物控、项目经理、工业工程统计相关费用；召开工程变更会议，发工程变更管控单。

解释：工程变更不是一个谁提谁负责的事情，应由工艺部（或工程部）里的工程变更窗口职位统一管理，从开始到结束的整个闭环处于工程变更窗口的管辖之内。

2）资材：请厂商打样，提供修模费用、新料单价、修模交期；样品承认申请单提出，样品承认后，向厂商提供样品及承认报告；通知厂商相对应的料号、变更版本号、标识方式，并确保执行。

解释：资材部门类似通常的新料采购，由该部门代表企业向供应商发出正式的通知函,将显著展示企业对于变更的重视程度,不是某个技术人员打个电话给供应商就可以变更的,其实即使是厂内自制零件,也可以按照该方法,由资材发出企业级的通知单,从高层次避免变更不了了之。

3)工程:负责向资材部提供正式设计变更图、开出修模通知单;如果需料号升级,文控要申请料号;完成变更物料的样品承认并向供应商管理和资材部提供签样;写试跑单并记录单号,并确定是否可以正式导入;确定厂商的标识方法并通知其他部门;工程师需确认得到客户认可,可以试跑或正式切入,再填写此试跑单据。

解释:此工程事务就是工艺事务,由工艺部给资材部发图样,这是严谨的业务流程,确保了图样是受控的。工艺部负责物料的样品承认是分内之事,样品承认不是质量部的事情,本书已经充分阐述。

4)工业工程:厂内作业指导书、外包件作业指导书、外购件作业指导书准备;试跑时发临时作业指导书,正式切入时沿用临时作业指导书,一周内正式作业指导书生效;对外转嫁单。

解释:此处把作为工艺分内之事的作业指导书分给了工业工程部,呼应了世界先进企业的做法。对外转嫁单非常重要,不光涉及工程变更的费用要核算到发起者头上,该转嫁单还兼顾把厂内的各类不良导致的资金损失计算出来,各职能部门要领走。

5)生产计划:提供新料切入的工单号码;若有涉及运输方式更改,估算产生的费用变更;外包件的工程变更,生产计划应掌控并提供其切入的信息。

解释:量产后的试跑是挂在某个正式的订单下面试跑的,做好之后是要以正式的成品出货给客户的,并不是试跑的产品放在工厂里,只有研发阶段的试制才放在工厂里不出货。所以结合了工程变更的新物料将在最终用户端体现,各个部门自然会极其谨慎,生产部也不会恶意不做试跑订单,因为试跑订单和正式订单合在了一起。

6)供应商管理:需根据变更类型及时暂停或清除旧料;加贴工程变更标签(海外料、厂商漏贴)至最小包装,物料区隔标签如图2.30所示;根据样品承认书检验新料、第一次入料请通知工程部工程师确认;将本单据(试跑单)一起附在材料上,入库房。

解释:确保供应商处也已经做好了充分的标识,万一供应商没有标识,厂内供应商管理人员需要帮忙补贴标识,目的是将新旧物料区隔清楚,不会出现试跑物料和正常物料的混用,如前述的开篇场景里说的混用。

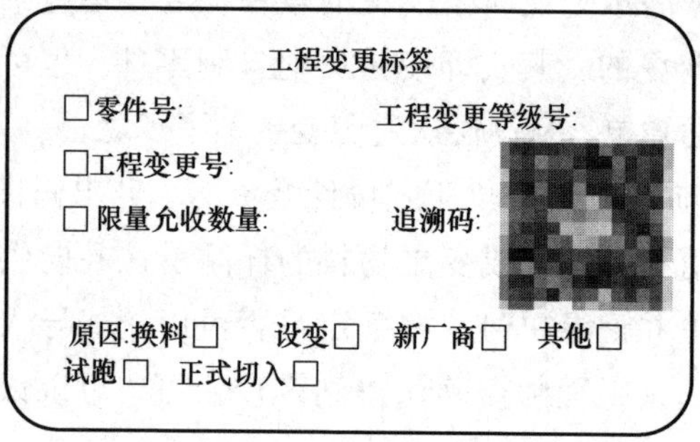

```
┌─────────────────────────────────────┐
│            工程变更标签              │
│  □零件号：        工程变更等级号：   │
│  □工程变更号：    ░░░░░░░           │
│  □限量允收数量：  追溯码 ░░░░       │
│                                     │
│  原因:换料□   设变□  新厂商□ 其他□ │
│      试跑□    正式切入□             │
└─────────────────────────────────────┘
```

图 2.30　物料区隔标签

7）收料区：核对数量；检查是否有允收标签；确保收到并将此单据转交库房。

解释：只有根据样品承认书检验通过的物料才能贴上允收标签，第一次的物料送至工厂，尺寸及性能和样品承认报告里要一致，若不一致，不得收货。举例来讲，某尺寸图样规定为（10±0.1）mm，样品承认报告里实测为10.11mm，虽然不合格，但是技术人员签了让步放行单，证明该尺寸可以在未来的量产期间做到10.11mm，但是若第一次送试跑时的尺寸是10.12mm，此时就不能签让步放行单，而应该直接判定为不合格并退货。

8）库房：根据生产计划的工单备料，新料上线通知物料；确保先进先出（试跑料除外）；在散料上线时，加贴工程变更标签；在新料切入时，库房需控制新旧料的识别。

解释：由于试跑物料有专门的工程变更单，可以走VIP通道，不遵循先进先出。工艺人员有责任教会库房人员识别新旧物料。

9）生产主管：针对线上退回的新料，应做标识处理；及时通知助理及质量巡检；助理通知工业工程更新作业指导书。

解释：由于不知晓新物料何时到生产线，故物料到生产线后，才基于工程变更追踪单和工程变更标签来找出该新物料对应的作业指导书。基本的原则是，没有作业指导书就不能开工操作，这就要求生产部门具有强烈的敬畏流程、相信工艺的意识。

10）工业工程：确认作业指导书或试跑作业指导书已更新。

解释：按时完成作业指导书并悬挂到位后，生产部准备开始使用新物料试跑。

11）质量巡检：试跑时需通知工程部相关工程师再次确认新物料，工程师确认后才开始试跑；记录试跑机台序列号并通知相关部门；试跑单试跑状况及结论由质量巡检和最终质量人员填写；记录切入首台序列号。

解释：质量巡检全程监控试跑过程，并开具通过证明，尽管工艺部是工程变更的负责人，但不是由工艺部开具证明。

12）变更窗口：追踪由工程变更产生的费用问题；试跑通过并确认可以正式切入后，发工程变更结案、更新BOM；关闭工程变更。

解释：和1）的工程变更呼应起来，从工程变更窗口开始，到工程变更窗口结束，完成工程变更的闭环。

研读以上工程变更的详细内容，可以发现和当下工程变更通常的做法完全不一样的要点，总结如下。

1）工程变更只流转一次，不是所谓数字化转型实施商宣传的最佳实践做法，即先发起工程变更需求，各部门审批一次，下一步发起工程变更订单，各个部门再审批一遍，再下一步发出工程变更执行，各个部门还要审批一遍，这种方式简直就是把简单的事情复杂化，各个部门负责人因同一件事情反复签字，完全是浪费效率。

2）工程变更是一级流程，不存在所谓数字化转型实施商宣传的BOM变更、作业指导书变更、工时变更、物料属性变更、模具结构变更等小变更，不能把一个体系化的工程变更割裂成一个个小变更，要把每个小变更嵌入大的工程变更单里实现，这种方式基于的常识是任何变化都不是孤立的，一定要放到大的体系里验证其合理性，任何变化都要试运行通过后才能放心地大批量生产。这也是确保制程稳健的优秀手段。

3）工艺人员负责的样品承认是变更能否在生产线上流下去的关键前提，若没有样品承认或来料不符合样品承认报告里的要求，该工程变更只能撤回，待物料合格后再试跑。样品承认的物料已经默认符合量产条件，不能像教条主义的生产件批准程序（PPAP），要试跑物料承认一次，小批量生产物料承认一次，大批量生产物料还要承认一次，这是典型的把简单事情复杂化。样品承认一次完成，后续无论大小批量产，都要满足样品承认里的要求，这样反而更严格，更符合国情。

4）应设置一个工程变更窗口职位，当前大部分企业对于工程变更是谁提谁负责，没有意识到工程变更是庞大的体系，导致大量的工程变更单不了了之，甚至丢失，设置专门的职位会保证工程变更的有效闭环。

本小节从工业逻辑上论证工程变更是工艺部负责的业务，也只有工艺部才能做得好工程变更,因为工艺部不光是技术和管理的结合体,还是业务流里承上启下的关键环节,当然,成为关键环节需要一代代工艺人的努力。通俗来讲,工艺人员在企业里就是一个拥有多个标签的人才,如"万金油""吃得开""交际花""制造技术保姆"等。

2.6 其他产品类工艺简述

2.6.1 结构工艺性审查

GB/T 24737.3—2009 中定义了如下三类产品结构工艺性审查。

1)工艺性审查:在产品设计阶段,对产品及其零部件工艺性进行全面审查并提出意见或建议的过程。

2)生产工艺性:产品结构的生产工艺性是指其制造的可行性、难易程度与经济性。

3)使用工艺性:产品结构的使用工艺性是指产品的易操作性及其在使用过程中维修和保养的可行性、难易程度与经济性。

产品结构工艺性审查,即 1.3 节中阐述的同步工程,同步工程分广义的同步工程和狭义的同步工程。

广义的同步工程即在整个层面上参与产品开发,通常有以下事务(见表 2.5)。

表 2.5 广义同步工程清单

设计失效模式分析
产品组装关系
关键质控收集
开展重要问题解决
常态化研发会议邀请工艺、质量
制程失效模式分析
制程控制制定
关键质控要求制定
问题库建设

第2章 产品类工艺能力

狭义的同步工程即针对零部件结构的审查,国家标准明确规定:所有新设计的产品和改进设计的产品,在设计过程中均应进行工艺性审查。

对该国家标准的深度解读如下。

1)很多企业把国家标准这句话解读成设计图绘制完成后,再把图样下发到工艺部,让工艺人员审查结构合理性。这种情况导致的问题是如果发现结构工艺性有问题,自然是打回研发部门,但是却浪费了时间。

2)国家标准要求在设计过程中进行工艺性审查,实际操作中就应该在设计人员还没有图样定型时,就邀请工艺人员介入审查结构合理性,读者可以形象地理解为"研发人员在设计产品结构时,工艺人员搬着小板凳坐在研发人员旁边,两人一边设计一边检查工艺合理性"。这种方式极大地提升了效率,图样正式发布只是一个签审过程,如果有数字化加持,时间会更快。

基于以上两点,结构工艺性审查的业务蓝图应如图2.31所示。

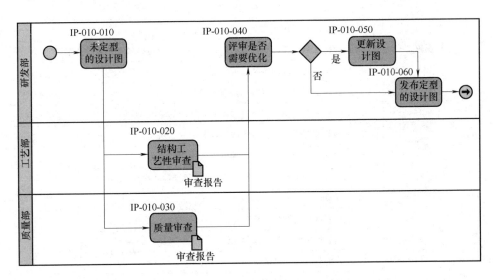

图2.31　国家标准规定在设计阶段就要审查而不是设计定型后审查

模具为工业之母,以最有难度的塑料模具产品为例,审查内容见表2.6,其他钣金、机械加工、焊接等结构工艺性审查,在高校级的专业图书上均有更深解读,本书不再多此一举地陈列一遍,而且结构工艺性审查软件已经把这些要求开发引入了软件平台,一键就可以查出不合理项。

表 2.6 最有难度的模具件的结构工艺性审查清单

基本模具方案	1. 设定主分模面和分模方向
	2. 考虑滑块拆线位置
	3. 明确标识外观面和功能面（滑动面）
	4. 明确建议浇口位置
	5. 考虑透明件的外观效果，注意分型面、顶杆痕迹等
	6. 特殊结构预留设计便于修模
零件壁厚	1. 具有合适的壁厚，尽可能选择小壁厚
	2. 壁厚均匀
避免尖角	1. 避免在塑胶流动方向产生尖角
	2. 避免零件外部尖角
	3. 避免在壁连接处产生尖角
	4. 避免客户或装配工手持部分产生尖角
	5. 避免分型面上倒圆角
脱模斜度	1. 长径比超过 6 的特征在 3D 上作出脱模斜度
	2. 不能出现长径比超过 20 的封闭筋或槽
	3. 尺寸标注默认减胶拔模，否则在模型上作出拔模斜度并两端分别标注
	4. 尺寸精度要求高的特征脱模斜度小
	5. 特殊功能要求平面可以不需要脱模斜度
加强筋	1. 加强筋的厚度不应该超过塑胶零件厚度的 50%~60%
	2. 加强筋的高度不能超过塑胶零件厚度的 3 倍
	3. 加强筋根部圆角为塑胶零件厚度的 0.25~0.50 倍
	4. 加强筋与加强筋之间的距离至少为塑胶零件厚度的 2 倍
	5. 加强筋的设计需遵守均匀壁厚原则
	6. 加强筋的顶端增加斜角避免困气
	7. 加强筋的方向与塑胶熔料的流向一致
支柱	1. 支柱的外径为内径的 2 倍
	2. 支柱的厚度不超过零件厚度的 0.6 倍
	3. 支柱的高度不超过零件厚度的 5 倍
	4. 支柱的根部圆角为零件壁厚的 0.25~0.50 倍
	5. 支柱根部厚度为零件壁厚的 0.7 倍
	6. 保证支柱与零件壁连接
	7. 单独的支柱四周增加三角加强筋补强
	8. 支柱的设计需要遵守均匀壁厚原则

(续)

孔	1. 孔的深度不能太深
	2. 避免盲孔底面太薄
	3. 孔与孔的间距及孔与零件边缘尺寸避免太小
	4. 零件上的孔尽量远离零件受载荷部位
	5. 可以在孔的边缘增加凸缘以增加孔的强度
	6. 避免与零件脱膜方向垂直的侧孔
	7. 长孔的设计避免阻碍塑胶熔料的流动
	8. 风孔的设计
提高零件强度	1. 通过增加加强筋而不是增加零件壁厚来提高零件强度
	2. 加强筋的方向需要考虑载荷的方向
	3. 多个加强筋常常比单个较厚或者较深的加强筋好
	4. 通过设计零件剖面形状提高零件强度
	5. 增加侧壁和优化侧壁剖面形状来提高零件强度
	6. 避免零件应力集中
	7. 合理设置浇口避免零件在熔接痕区域承受载荷
提高零件外观	1. 选择合适的塑胶材料
	2a. 通过设计掩盖零件表面缩水
	2b. "火山口" 设计
	2c. 合理设置浇口的位置和数量
	3. 预测零件变形，设计减少变形
	4. 外观零件之间设计美工沟
	5. 避免零件外观面出现熔接痕
	6. 合理选择分模线，避免零件重要外观面出现断差或毛边
	7. 顶针避免设计在零件重要外观面
降低零件成本的设计	1. 设计多功能的零件
	2. 降低零件材料成本
	3. 简化零件设计，降低模具成本
	4. 避免零件严格的公差
	5. 零件设计避免倒钩
	6. 降低模具修改成本
	7. 使用卡钩代替螺栓等固定结构
	8a. 零件外观装饰特征宜向外凸出
	8b. 零件上文字和符号宜向外凸出
注塑模具可行性设计	1. 卡钩结构应为斜销预留足够的运动空间
	2. 避免模具出现薄铁及强度太低的设计

2.6.2 制程失效模式分析

制程失效模式分析（PFMEA）是一种提前对过程评估以降低风险的工具，和我国的俗语"三思而后行"一样，提前避免风险。

制程失效模式分析来源于 GB/T 7826—2012，该标准讲述了失效分析，在执行中，演化成了设计失效模式分析和制程失效模式分析，制程失效模式分析自然由工艺领衔，工艺的国家标准中是否提到要进行工艺的失效模式分析呢？

GB/T 24737.6—2012 规定了工艺优化与评审的目的是尽早发现工艺设计存在的薄弱环节或工艺设计缺陷，及时纠正并加以改进，从而有效地提高产品质量、降低成本、缩短生产周期，减少生产过程中的环境污染、人体危害，降低安全风险。该规定就说明了要尽早发现问题，等同于提前避免风险。

制程失效模式分析不是一个孤立的环境，是整个制程稳健的关键一环，工艺部完成的制程失效模式分析的数据要一步步传导到后续业务部门，如图 2.32 所示。

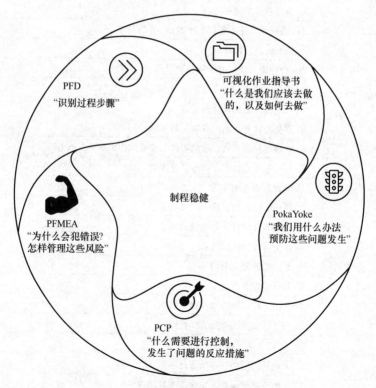

图 2.32　制程失效模式所在的制程稳健大环

PFMEA 的最终目的是稳健过程控制，这是一个系统性的工程，系统路线是研发制造工程师释放量产时将设计失效模式分析（Design Failure Mode and Effects Analysis，DFMEA）、产品质量控制计划（Product Quality Control Plan，PQCP）、组装关系图提交给量产工艺工程师→工艺工程师制作作业指导书→工艺工程师针对作业指导书里面的每一个步骤写 PFMEA；从入厂到出厂的整个过程流程图（Process Flow Diagram，PFD）伴随 PFMEA 一起制作出来→质量工程师根据 PFMEA 制作制程控制计划（Process Control Plan，PCP）。

针对导入类产品，可以理解没有 DFMEA 和 PQCP，但是要看到证据，证明 PFMEA 是使用在生产线上发现的缺陷进行评审的，并且是由客户（客户反馈的产品分析）进行评审的。然后对发生频率和可探测度进行相应的评审，更新 PFMEA。如果 RPN≥125 和/或严重性≥8（有些企业将 RPN 定义为 120 或 100 更好，因为乘积越小越体现了企业对制程稳健的重视），则采取行动以降低风险。客户抱怨和人机工程点要加入 PFMEA 文档中并更新版本。

PFMEA 业务流程图如图 2.33 所示，注意要开会"头脑风暴"讨论而不是一个人在计算机上写文件，通常参与人员是工艺、质量、生产、计划、EHS，设备、出货、仓库等部门的人员，负责人是工艺人员。

如果打分超过 125 分，要有改善对策并追踪到对策执行到位。如果没有外部的抱怨，通常每半年更新一次 PFMEA。有试跑、客户抱怨、正式量产前要做 PFMEA。PFMEA 和工艺流程图同时开始（PFD）。

PFMEA 需要非常清楚地描述过程研究的是什么和怎么研究，并且依靠集体群策群力的方法。

对于人工参与的过程是非常有用的工具。做好事前的防范要强于事后的改进。不是为了做文件而做 PFMEA，目的是降低风险优先序数，降低过程的风险。

PFMEA 计算出 RPN，是三个指数（失效的严重度、问题的发生频率、问题的可探测度）的乘积，如图 2.34 所示。

如何定义打分标准，请参考表 2.7。

典型的 PFMEA 表格如图 2.35 所示，针对 RPN>125 的项目有防呆和自动化的改善措施，而不是一而再地宣导，如果有以手工为主，且年产量极大的企业，推行低成本自动化（Low Cost Automation，LCA）设备来解决手工装配导致的人为问题非常合适。

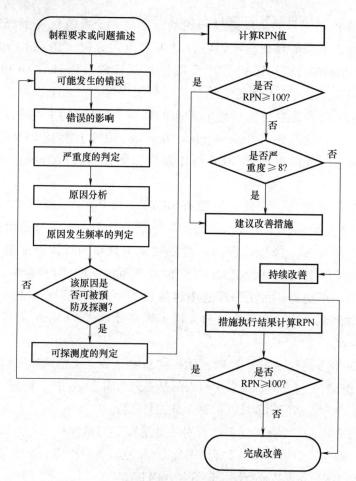

图 2.33　PFMEA 业务流程图

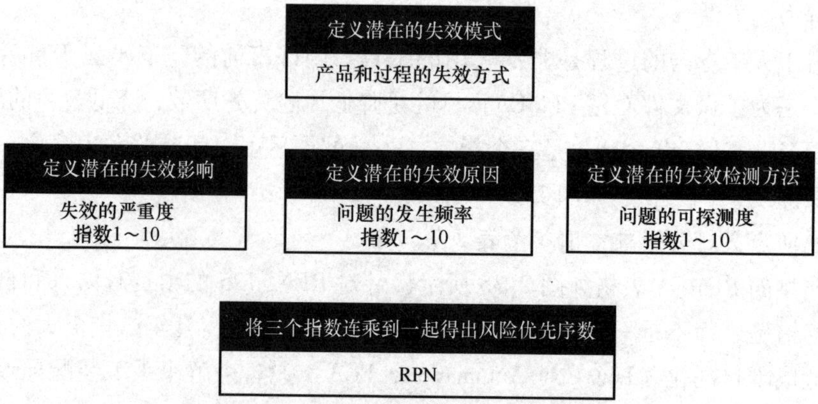

图 2.34　失效模式的数字化衡量方式

第2章 产品类工艺能力

表 2.7 失效模式的打分表示例

数值	严重度		数值	发生频率		数值	可探测度	
	顾客后果	组装后果		失效率	可能性		探测分级	检查类型
10	伤害一顾客或员工	可能危及作业员而无警告	10	≥15次/月	很高：持续性发生的失效	10	无法探测或没有检查	操作员
9	违法	可能危及作业员但有警告	9	12次/月		9	仅以抽样试验发现	抽样试验
8	使产品或服务不适于使用	产品可能必须要100%报废	8	10次/月	高：反复发生的失效	8	目视/自检	操作员
7	造成顾客极端不满意	部分产品可能必须要报废	7	8次/月		7	二次目视检查	操作员
6	将造成部分功能失灵	所有产品可能需要返工，有零件报废	6	6次/月	中等：偶尔发生的失效	6	SPC控制/生产线定时抽检/100%操作	测量
5	引起性能损失，可能会造成客户投诉	所有产品可能需要返工，无零件报废	5	5次/月		5	100%检测	测量
4	引起较小的性能损失（如未紧固、漏螺栓、磨损等），可能导致投诉	库存差异	4	4次/月	低：很少有相似失效	4	以后工序可发现	检错
3	外观，可能导致投诉	部分产品需要返工，有零件报废	3	3次/月		3	下一操作可发现	检错
2	外观，不会导致投诉	部分产品需要返工，无零件报废	2	1次/月	极低：失效不大可能发生	2	100%自动检查	检错
1	不会引起注意/小问题	导致不便	1	≤0.5次/月		1	在工艺流程中或设计中应用pokayoka	防错

制程失效模式分析																	
文件编号:			过程责任:			编制人:		FMEA日期(编制):				项目:					
版本:			核心小组:			FMEA日期(修订):											
过程功能/要求	装配过程	潜在失效模式	潜在失效后果	严重度(SEV)	潜在失效起因/机理	发生频率(OCC)	现行过程控制	可探测度(DET)	RPN	建议措施	负责人	责任及目标完成日期	措施结果				
													采取的措施	SEV	OCC	DET	RPN

图 2.35 制程失效模式分析表

在做"头脑风暴"给事项打分时,当场定下改善的负责人和预计日期,写清未来的 RPN<125,在会后,需要有常态化的周会来追踪改善的进度以匹配截止日期,截止日期前没有完成的,需要计入该员工本月绩效考核。

制程失效模式不是一个有难度的事情,关键点是要集体开会决定和为风险打分,分值高的要给对策,但是企业里通常难以做到位。快速理解制程失效模式分析,请参阅以下一个生活中的小场景即可:

笔者的夫人是牙科医生,每到 11 月,就有好多吃阳澄湖大闸蟹导致牙折的病人来找她看牙,牙折已经是既成事实,有没有办法让牙折不发生呢?预防总是强于治疗的。用制程失效模式分析办法进行分析,并找到解决的办法,如下。

1)严重度打分:牙折是造成了人身伤害,对照打分表,毫无疑问要打 10 分。

2)发生频率打分:一年 12 个月之内就一个月发生,对照打分表是 1 分。

3)可探测度打分:牙折即会产生剧烈疼痛,自然是极度容易探测到的,打分为 1 分。

三者相乘得出的 RPN 值仅为 10 分。按规则,导致人身伤害的风险,无论最终乘积分数多低,都要有改善的对策,该对策不是口头宣导要轻轻地咬螃蟹壳,而是要有防呆或自动化的措施的。

那么,防止牙折的防呆或自动化措施是什么呢?自然可以想到传承千年的专用吃蟹工具"蟹八件",如图 2.36 所示。

图 2.36 吃蟹专用工具"蟹八件"

该小场景论证了用"蟹八件"吃螃蟹的理论合理性，很有趣味，很好理解，广大企业也应知晓制造业的制程失效模式并不是一个难题，下场做即可，一定会有好的收获。

2.6.3 工艺路线维护

GB/T 24737.2—2012 里有工艺路线的描述，即工艺路线设计包括编制工艺路线表（或车间分工明细表）；关键件、重要件明细表；外协件明细表；外购件明细表；必要时需提出特种加工明细表（如铸造、锻造、热处理、表面处理、焊接或其他需特别说明的加工工艺要求的明细表）。实际执行中，有部分工作内容已经移出了工艺范畴或演化成另外的方式，具体分析如下。

1）工艺路线：自制零件维护该零件在工厂内从原料到零件成品所经历的所有的物理工位；外购零件维护该零件在厂内的装配工位和仓库库位；自制零件在厂内的零件制造车间完成后，要维护好该零件在厂内的装配工位。这些被维护的工位和库位在 ERP 里都存在，可以计算财务成本。

2）关键件、重要件明细表在研发部给出样品承认零部件清单时，已经规定了零件重要等级，在 5.2 节的样品承认数字化蓝图里第一步就体现了该分类，工艺部只要延续研发部规定的零部件等级即可，该等级在研发部创建物料的时候就已经创建完成。

3）外购、外协件由工艺部基于自有设备状况和产能来决定是否外购，这实际上不归于工艺路线范畴，只是物料的采购或自制属性在 ERP 里维护。

4）特种加工工艺要求的明细表，在当下已经属于普通的要求了，正常维护工艺路线即可。

工艺路线在我国制造业内被执行成一个极度烦琐的事情，在笔者的印象里，工艺路线只是维护一下工位信息即可，极其简单，为什么笔者的认知和通常的认知不一样呢？仔细调研下来，有如下原因。

1）我国大部分企业设计的产品图样号并不等于物料号，导致工艺人员要花费大量的精力根据物料编码规则重新申请一套图样号对应的物料号，其实这完全没有必要，除了代工厂要根据客户图样生成自身的物料号，大部分的自有产品直接用图样号等于物料号即可。

先进外资企业的一个设计图样号由两部分组成，即图样编码+版本号。后端工艺部沿用图样编码+版本号即可，不存在重新创建大量物料号的事情。部分国内企业这么做，一个原因是研发懒惰，例如，一个结构相似系列的图样有100张，外企就要绘制100张，每张图样都有图样编码和版本号，而部分国内企业只绘制1张图，其他类似部分在图样上附一个表就算完成；另一个原因是不做样品承认，样品承认报告上规定释放量产时刻是什么版本号，ERP系统里就要保持一致的版本号，而我国部分企业绘制的图样是没有版本号的，释放量产时，给一个转阶段标志就完事，没有考虑到后续的工程变更是常态化的事情，所以图样没有版本号，物料更没有版本号。更巧的是，国际ERP大厂的默认配置也是没有版本号的，要将版本号管控起来，是要花费不菲的价格定制开发的，笔者曾经经历的先进企业无一例外地在ERP里设有版本输入栏位，而我国部分企业在照搬外企时很少考虑到要定制化。

2）从工程BOM到制造BOM无法沿用。先进外资企业研发默认的原则是DFM，即设计要为制造服务，因此研发部编制的工程BOM要适用于工艺部直接沿用，而不要工艺人员在工程BOM的基础上增加各类虚拟件号，形成所谓的制造BOM。研发人员已经做到位了，工程BOM就是制造BOM，不分你我。而我国部分企业在构建产品BOM时，喜欢一个总号下面就一层物料（见图2.37），没有任何层级，工艺人员拿了只有一个层级的总BOM，要把该层级的物料根据工位分类拆分成各个零件包，然后给零件包取一个号，这就增加了大量的工作量。

还有一个更加离谱的行为是研发人员的工程BOM不含标准件、不含各类耗材、阵列的零件偷懒只画一个等，这导致了工程BOM先天性地和制造BOM不一致，工艺人员为了制造的准确性，不得不在不准确的工程BOM上补充完整的信息，这种现象在世界先进企业里不会存在。先进企业的研发人员为什么愿意做到工程BOM就是制造BOM，是基于基本的常识，即少了这些标准件、耗材、阵列零件是装不出完整产品的，少了这些物料，在三维的数字孪生世界里，都是"缺胳膊少腿"的。

第 2 章 产品类工艺能力

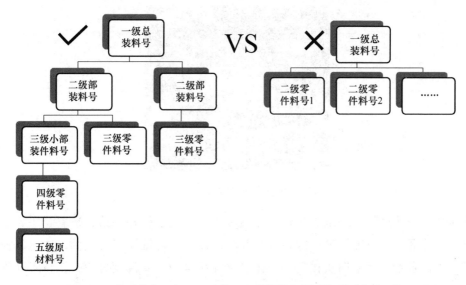

图 2.37 优秀的多层级 BOM 基于产品结构和制造顺序而非单层级

3）当前大部分国内企业即使是设置了多层级的 BOM 架构，研发人员也只会做到零件级别，而不会到材料及用量级别。研发人员给出的理由是不知道制造端最终用什么材料，用量是多少和实际现场强相关，故也是不知道用多少。

这种情况下，工艺人员为获得准确的制造成本，不得不在工程 BOM 里的最底层零件下挂上材料和用量。例如，即使是一个螺钉用的紧固胶水耗材，工艺人员都做了研发人员的事情，工艺人员都要给出，假定紧固胶水以瓶为单位来购买，一瓶有 50mL，工艺人员要设定工程 BOM 里一个螺钉的胶水用量是 0.01 瓶。于是又产生了大量的工作量，这其实本来就是研发人员的分内之事。

以上是想要说明工艺国家标准里规定工艺路线的大部分事务，在世界先进企业里其实是由研发部来完成的，这践行了 DFM 的原则，先进企业里的研发人员应懂得产品制造知识，不懂制造知识的研发人员是不合格的，这也是先进企业里的研发人员工资比较高的原因之一。

无论是由研发人员做了大部分工作，还是工艺人员做了大部分工作，这些事情一定存在，不会消失。曾经的经历就是工艺人员做小部分，极其简单，只要维护好库位信息即可，最终呈现如图 2.38 所示的样式。

本节基于工艺国家标准深度解读的产品类工艺能力，阐述了工艺在整个制造体系里是极其关键的一环，工艺没有做好，产品制造的方方面面都乏善可陈。

工艺国家标准来源于机械工业的行业标准，故当前的工艺国家标准偏向机

123

图 2.38　工艺人员只需维护简单的库位

械制造,当然机械是基础。我国工业门类复杂,除了机械制造,还有化工、水利、新能源、电力等门类,这些门类要制造,也是机械知识打底的,所以其他门类的读者看到该偏向机械门类的工艺国家标准时,要深度思考,把技术和管理思路迁移到自身所在的行业门类中。

不重视工艺的企业,高效、高质量制造自然难以达成,即使采用数字化手段来推动,也效果寥寥,如工时都不准,拿什么做高级排程呢;作业指导书都是文字表达,也不要指望操作员工能够理解,被推卸责任也只能是情理之中的事。

重视工艺的企业,逐步推进核心业务的彻底落实,将为数字化转型奠定良好的基础,数字化软件平台只要把当前执行到位的规则固化即可,工艺将不会是数字化的瓶颈,而是数字化的基础。

第3章 优化类工艺能力

第 2 章介绍的与产品配套的工艺能力，在这些事务完毕及配套产品开发结束后，工艺人员是否就没有事情可做呢，工艺部门难道就要解散了？在笔者讲授工艺国家标准时，就有学生非常困惑，自己管理的工艺部似乎每天都无所事事，要有事就是救火，救完这一趟火，就等着第二趟火的来临，整个工艺部都成了"消防队"，即使救好了火，还会被企业管理层质问工艺部怎么老是搞些一惊一乍的事。

按照工艺国家标准，新产品释放量产后，工艺部不是无所事事、可有可无的，而是应该进入新的阶段——工艺优化阶段。

工艺优化是有国家标准的，GB/T 24737.6—2012、GB/T 24737.9—2012 就明确指出了工艺应该如何开展优化（改进）工作，具体要求如下。

1）工艺优化与评审的目的是尽早发现工艺设计存在的薄弱环节或工艺设计缺陷，及时纠正并加以改进，从而有效地提高产品质量、降低成本、缩短生产周期，减少生产过程中的环境污染、人体危害，降低安全风险。

2）工艺优化应综合考虑生产质量、时间、成本、柔性、安全、环保等因素，提高生产系统的运行效率、生产变化的适应性和工艺绿色性。

3）工艺优化重点内容一般应包括工艺流程优化、工艺布局优化、工艺参数优化、工艺定额优化等。

4）现场改进：应用工业工程技术优化工艺流程，改进操作方法，改善工作环境，整顿生产现场秩序，并加以标准化，有效消除各种浪费，提高质量、生产率和经济效益。

只是大部分企业执行得并不好，没有一整套基于国家标准的企业实践方法论，以为优化是改善部门或精益办的事情。实际上，国家标准已经明确规定，优化是工艺的分内之事，专注于制造方方面面的优化，根据以上 1）~3），已经是全方位的优化了。要转变工艺只做零件制作的传统观念，当迷惑时，参阅相关国家标准即可耳清目明。国家标准已经走在了大家的前面，正引领着大家，广大企业只要时不时翻看下国家标准，就知晓自己到底应该从哪些方面践行优化。

3.1　改善

优化，顾名思义就是市面上长盛不衰的持续改善，持续改善这个词是舶来品，优化这个词才是土生土长的。

持续改善是贯穿于生产制造各个方面和时期的优化，最终的目标是杜绝浪费，实现降本增效。根据改善的难度，可以分为即刻改善（I See I Do）、快速改善（Kaizen Blitz）、亮点改善（Best Practice）、持续改善（Continue Improvement，CI）、精益六西格玛改善（Define，Measure，Analyze，Improve，Control，DMAIC）。

改善的对象是工业工程的七大浪费及管理的浪费，七大浪费是指过量生产、窝工、搬运、加工本身、库存、动作、次品的浪费。管理的浪费针对的是企业里没系统学过、没系统做过、当然也没有系统提高总结过的"三无"管理层，这种管理层属于被改善的对象。任何一个管理人员，只有具备体系化的知识储备，才能领导企业和团队。

尤其在数字化时代，笔者已经在其他图书及本书里反复说明当前数字化转型的真谛就是把优秀的管理思路固化入数字化平台，因此管理的浪费尤其要在线下清除干净，否则把不良管理固化入数字化平台，必然是对浪费程度的推波助澜，数字化软件平台将无法促进提质降本增效。图 3.1 所示为数字化时代下的八大浪费数字化时代尤其要注意去除管理的浪费。

图 3.1　数字化时代下的八大浪费

1. 即刻改善

即刻改善针对的是企业所有层级的员工,在工厂的任意区域,发现了可以立即改善的事务,自己亲自动手进行改进,或者立即联系责任部门处理并追踪到问题的结束。若有需要,可以将事务输入快速响应体系中,用系统来追踪事务的进度。

即刻改善要求员工具有主人翁意识,摒弃旧的理念:遇到问题视而不见、绕道而行、抱怨。拥抱新的理念:看见问题立刻解决、如无能力寻求帮助,我来跟踪、齐心协力、共同成功。

每位员工在运用即刻改善理念时,需要尽量达成"今天能解决的就不要拖到明天去解决";即使当自己无法解决且问题已经升级时,仍然需要跟踪问题,直到解决问题。

适合即刻改善的例子有:发现地板上的垃圾,捡起来扔进垃圾桶;发现容易摔倒的危险物,将其移走;发现员工长距离的移动物料,启动一个改进项目以改进流程;发现设备漏油,告知维修,一起解决这个问题。

使用即刻改善卡是正式化执行的展示,将卡片置于工厂入口处或厂区内各个区域的显眼处,以便即刻取用卡片。即刻改善卡如图3.2所示。

即刻改善(I SEE I DO)卡			
姓名	部门/区域 生产部	所在工厂	提出日期
联系电话/邮件地址	标题		编号
问题描述		解决方案	
问题根源		获得效果	

图3.2 即刻改善卡

2. 快速改善

快速改善是在短期内就可以达成效果的改善，通常持续时间为 5 个工作日。快速改善是简化版的六西格玛改善，同样需要经历定义、测量、分析、改善、控制这 5 个阶段，如图 3.3 所示。针对的事情属于短平快事务，如检具偏差的改善、不良零件的整改、工装夹具的磨损、操作员工能力欠缺、人机工程问题等。

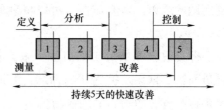

图 3.3 快速改善持续周期

针对工艺部门的考核要求是每周一个"接地气"的改善，是年度调薪的依据，例如，一个工艺工程师的年薪是 10 万元，该员工为企业创造的年度价值为 10×10=100 万元，超过 100 万元后的价值才是调薪的参考数据。

3. 亮点改善

亮点改善又称为最好的实践，聚焦于生产现场，是除了日常改善，让人眼前一亮的改善，以小投资获得大回报。亮点改善是持续时间为一个月内的改善，花费时间比即刻改善和快速改善多。例如，投资了简单灵巧的人机工程工装夹具，大幅提升了生产率；每个生产线的线头配置了生产主管办公区，用于快速现场管理；水杯放入专门的水杯架并标识到个人；通过增加工位可视化手机盒，解决生产现场玩手机问题等。最好的实践需要广泛传播。

4. 持续改善

可以把所有的改善称为持续改善，本书根据时间长短、工作量大小来区分改善类型，也为了在工业软件平台中把改善分为各种类型，以时间长短来安排工作量优先级。在本书中，持续时间为 1~3 个月的改善称为持续改善。

5. 精益六西格玛改善

精益六西格玛改善通常用于解决制程和变化大的问题，企业的黑带或绿带要达到 50%~80%的利用率，充分尊重 DMAIC 方法论，如图 3.4 所示。使用如下手段来执行。

1）SMART（有规范的，可量化的，可达成的，相关联的，有时间限定的）。

2）4M1E（人机料法环、要因分析图或鱼骨图）。

3）4W1H（What，Where，When，Who，How，即发生什么，在哪里，什么时候，谁发现，如何呈现）。

4）5WHY（5 个为什么）。

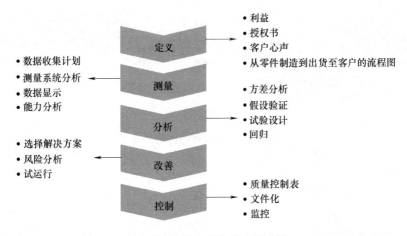

图 3.4 精益六西格玛改善路径

5) PDCA（计划、实施、检查、行动，又称戴明环）。

6) 柏拉图。

7) 8D（解决问题的 8 个维度）。

8) 正态分布图。

9) 标准偏差。

10) SPC 管控。

11) 条件交叉验证。

12) Pokayoke（防呆），Jidoka（自动化）。

13) B to B，D to D，E to E（Back to Basic，Down to Detail，Execute to Excellence），即追本溯源、追求细节、追求卓越等理念和手段来解决重大问题。

精益六西格玛改善的一个基础是每个步骤都有数据支撑，1 是 1，2 是 2，不能出现应该、大概、或许、可能等模糊表述。例如，工艺方面的设计生产线就要遵循生产线设计的八大步骤，每个步骤要有数据支撑，上一个步骤的结论数据是下一个步骤的输入数据；工作台的设计要有物料主数据，只有拥有了充分的物料主数据，才能定义每个工位放什么物料、放多少，周转频率是多少分钟，进而才能设计出精益工作台。

本书定义的各个改善的时间关系如图 3.5 所示，定义时间长度的改善以便于数字化软件平台开发。

执行改善的如下原则。

1) 在精益文化中，尊重员工、以人为本是持续改善最重要的出发点。

2) 每周有一个"接地气"的持续改善，这是对生产或工艺工程师领导改善

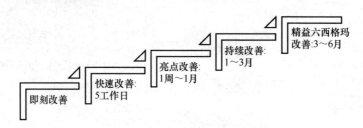

图 3.5　各个改善的时间关系

的基本要求。

3）一般来讲，如果 3 天之内没有发现改善点，大概有什么事情做得不到位。

4）企业高层举行每月持续改善会议，并给前三名员工颁奖，要有公正的评分标准。

5）持续改善是员工绩效工资的基础。

6）如果不得不要花费大量费用去改善，一般来讲，此时的方向便错误了。

7）通常每 50 个直接员工有一个大型改善，如精益六西格玛改善。

8）改善都要折算成财务上的资金节约。

9）改善要有工业美感、仪式感。

10）践行"行动派"理念，可以运用胶带、绳子、纸板迅速找到改善的初步方案，并由此找到最合适的方案，增加持续改善的乐趣。

每月，企业高层需要开展改善评比活动，活动步骤如下。

1）布置活动会场。

2）总经理或制造总经理开场白。

3）竞赛代表现场演讲。

4）公正的评委评分（见图 3.6）。

5）现场公布前三名员工，采用中国传统称谓，即状元、榜眼、探花。

6）现场对前三名员工进行实物颁奖（不要发现金），建议的实物价值额度为状元 1000 元、榜眼 800 元、探花 600 元。

7）主持人结束语。

在数字化时代，已经有相应的数字化平台来承载工艺的持续优化，请参阅 5.5 节。

本节介绍了持续改善的方法论，其实工艺人员才是持续改善的生力军，持续改善要结合产品才能爆发出生命力，而不懂产品只懂精益知识的人员只会做表面文章，工艺人员恰恰最懂产品制造，万不可把该能力荒废了。不能被浮躁的社会氛围迷失了双眼，严格遵守国家标准才能回归理性，找到自身本来就应该深耕的主业，把该主业假手旁人，甚是可惜。

Case NO./ 项目名称	ROI/ 投资回报	Presentation/ 演讲	Team work/ 团队合作	Time spending/ 耗时	Total/ 总计
×××					
×××					
×××					
×××					
×××					
×××					
×××					
×××					
×××					

备注：每个分项25分，总计100分
版本：01

图3.6　公正的评分表

3.2　价值流

GB/T 24737.6—2012规定，工艺优化与评审的目的是尽早发现工艺设计存在的薄弱环节或工艺设计缺陷，及时纠正并加以改进，从而有效地提高产品质量、降低成本、缩短生产周期，减少生产过程中的环境污染、人体危害，降低安全风险。

其中，缩短生产周期是一个庞大的范畴，可以减少单个零件的生产周期，也可以把单个零件缩减后的周期放到整个体系中，查看零件的周期缩短是否促进了成品的周期缩短，还可以直接绘制了整个面上的周期后，显示出耗时最长的部分，进而推进改善。

以上方法属于从局部到整体和从整体到局部的思路，价值流业务是从整体到局部的思路。在分工较细的企业里，该业务通常被分派给精益办，即专门的工业工程组，而GB/T 24737.9—2012里就要求工艺人员拥有工业工程能力。

工艺范畴内的价值流可以简单地理解为解决生产线的拥堵问题，其中关键的因素是工时要准确。工时若是不准确的计件制工时，价值流都是假的，而且还会得出假的结论，该高阶要求在当下的制造企业里执行得并不理想，主要是因为工时不准确。

但是，还是要花一定篇幅来详细说明价值流，以备未来工时准确后，不至于临时抱佛脚。

1. 价值流的概念

价值流（Value Stream Map，VSM），顾名思义，即让价值流动起来。何为价值，生产活动中的实物零件，驱动实物流动的管理行为都可以称为价值。精益生产五大原则全部体现在价值流里，即准确定义产品价值、识别价值流、价值流动、客户拉动、尽善尽美。

1）准确定义产品价值：价值由客户定义，不是由企业内部的工程师定义，工程师能够定义产品的价格，但是不能定义价值。当工厂生产出来的产品是一个新颖的小东西，结构简单、成本低廉、市场上暂时无竞争对手时，产品价值即因为市场上的稀缺性而得到极大的提高。因此，在市场经济条件下，价值由市场决定而不是由价格决定，企业需要充分发掘市场上的蓝海机遇，而不是在红海里苦苦挣扎。在低利润的传统制造业里发掘新亮点业务以引领市场，需要前端市场和研发人员的拼搏。同样，贯彻价值流动是后端工厂制造端修炼内功、降低自身成本的有效手段。

2）识别价值流：价值流是指从原材料到成品赋予价值的全部活动。识别价值流是实行精益思想的起点，并按照最终用户的立场寻求全过程的整体最佳。精益思想的企业价值创造过程包括从概念到投产的设计过程，从订货到送货的信息过程，从原材料到产品的转换过程，全生命周期的支持和服务过程。识别价值流不只是精益工程师的职责，更是工厂运营经理的责任。识别价值流需要了解整个过程，应有全局观，不能仅专注于某一个流程层面。

3）价值流动：精益思想要求创造价值的各个活动或步骤流动起来，强调的是"动"。传统观念是"分工和大量才能高效率"，但是精益思想却认为成批、大批量生产经常意味着等待和停滞。精益将所有的停滞视为企业的浪费。精益思想号召"所有人都要和部门化的、批量生产的思想做斗争，因为如果产品按照从原材料到成品的过程连续生产的话，工作几乎总能完成得更为精准有效"。精益生产的最终目的是杜绝浪费，唯有流动起来的价值才能达成人和生产要素的无缝配合，再也没有一大堆的物料在等待使用，而是员工生产完一个，即刻流动到下一个工位继续加工,每个环节的劳动因素均被调动起来,没有无效的等待。当下制造业的现状是,还大量存在传统的孤岛式生产。例如,某大型产品的底座大批量生产后占用大量的空间,与之相配合的上组件大批量生产后又占据大量的空间,这两大模块全部装配完成后,已经占据了大部分的生产空间且持续了相当长的时间。若采用流动生产,做好一个底座和上组件后,立即把两者装配好,然后把该装配件转移到下一个工位生产,便可以极大提升周转效率,减少空间占用。孤岛式生产和流动生产的差异如图 3.7 所示。假定在宏观层面上把这两个步骤当作连续流,中间的在制品(Work In Process,WIP)数量巨大,占用了大量的空间和周转时间,庞大的在制品数量阻碍了价值流动。

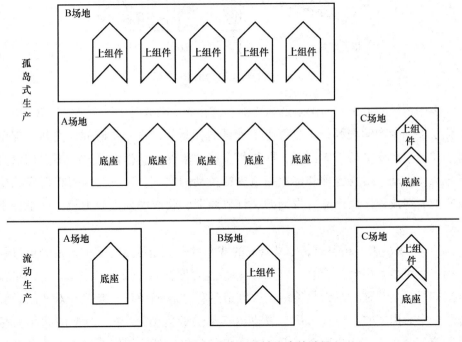

图 3.7 孤岛式生产和流动生产的差异

4)客户拉动:对于生产来说,拉动生产是只有在某个工位需要的时候,才向上一级取用生产要素。例如,该工位缺料,就抛出看板卡片给仓库人员,或者按下安灯(Andon)缺料电子信号发送到仓库。

该工位员工已经把自己的操作步骤完成,就要向上一个工位取用待装配部件。若计划倒过来,下单到生产线的最后一个工位,最后一个工位前的各个工位都要逐个向上一个工位索取部件,在此状态下实现了单件流。

有拉动说法,就有对应的推动说法。推动生产是上一个工位拼命生产,在计划范围内一下子全部做完，不考虑下一个工位的生产节拍，大量在制品堆积在该工位，强行推给下一个工位加工。推动和拉动的显著差异是大量在制品的存在，但是不代表拉动生产没有在制品。拉动生产也有在制品，该在制品的产生是因上下两个工位节拍时间的不平衡导致的，而不是推动生产中拼命生产导致的在制品堆积。推动和拉动的形象化差异如图3.8所示。

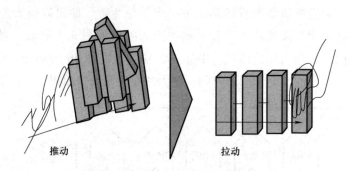

图3.8　推动和拉动的形象化差异

有些传统制造企业的做法就属于孤岛式生产、推动生产，甚至在ERP里还固化了推动生产的规则，于是产生了大量的在制品，占用了时间、空间、现金流。拉动生产要贯彻三大因素，即物料供给、单件流、弹性柔性，不能仅仅为了拉动而拉动，需要各种基础数据来支持拉动的实现。这三大因素将彻底改变现有的制造流程，使产品开发周期、订货周期、生产周期大幅缩短，只是任重而道远。

5）尽善尽美：精益思想定义企业的基本目标是用尽善尽美的价值创造过程为用户提供尽善尽美的价值。《金矿Ⅱ：精益管理者的成长》一书中，阐述精益制造的目标是"通过尽善尽美的价值创造过程（包括设计、制造和对产品或服务整个生命周期的支持）为用户提供尽善尽美的价值"。精益制造的"尽善尽美"有三个含义：用户满意、无差错生产和企业自身的持续改进。企业的制造体系就是一个持续改善的体系。

广泛开展批评与自我批评是我们的优良传统，只有实实在在地开展批评与自我批评，才能发现广泛的不足，但是人性的弱点是永远只会做对自己有益的事，如何克服人性的弱点，把自身的弱点暴露出来，需要企业顶层的管理设计，全体员工更需要践行批评与自我批评，否则无论多么高端的数字化软件平台都无法驱动员工自查自纠问题点，难以推进持续改善。

价值流管理不只是一个价值流图，而是产品、物料流、信息流的有机整体，追求各个环节的顺畅,更是关于"看到整个"的能力:看到创造客户价值的活动由很多跨部门组织的人一起完成;看到价值把每个人、部门和组织连接成一个无缝的、端到端的过程或价值流;看到以客户为驱动,了解流程的重点,消除非增值的步骤,根据客户需求调整工厂全方位的配合,形成显著的竞争优势。

价值流管理是一种商业模式,可以为客户、员工、股东和社会提供卓越的绩效;带来突破性、阶段性的变化,通过卓越的质量、服务和速度,为客户创造更多的价值;驱动并加速现金流。

2. 价值流的执行

单是阅读价值流的概念,就已经极其体系化、极其庞大、难以落地,为了更好地理解价值流的原理和重要性,讲一个生活中的场景即可理解。

以笔者2018年7月参观秦始皇兵马俑博物馆为例,当时的拥堵状况非常严重,于是笔者在参观途中记录了时间花费,亲自画了一个简易的价值流,给出了想象中的解决对策:

鉴于产品价值由客户定义,作为游客,参观一个景点要获得的价值是安全、高效及产生愉悦的心情。对于景点来说,游客是价值,如何让游客流动起来是最重要的事务,提高游客的周转率最直接的经济价值是票务急速增长,而实际情况是排队购票都需要很长的时间,有些游客在第一个购票环节就离开了。如图3.9所示,凹凸时间线的底端线是增值时间,上端线是每个步骤之间的拥堵时间。例如,第一步,买票时间是1min,而买票前排队花费了20min,买票后检票排队又花费了30min;第二步,检票时间是0.5min,检完票到乘坐内部周转车又排队20min,然后花5min增值时间乘车,经历了各种无效的等待,最夸张的是增值参观20min,但是参观之前还是花费了60min排队,相当于在制品的游客拥堵非常严重。对于游客来讲,参观兵马俑博物馆的真正增值时间是底端线时间之和,但是总计花费的时间是凹凸时间线的总和,这两个时间相除即得出制程周期效率(Production Cycle Efficiency,PCE)仅21.77%,非常低下。改善爆炸点是两个60min的等待,即进入一号坑和参观二号坑之前需要排队的60min,因此在该价值流中,解决两个爆炸点是第一优先级。笔者想出的对策是,在一号坑顶部增加悬空透明栈道,人员可以在上面俯瞰坑里的兵马俑,把原来在边上围着一圈且极其拥堵的参观道改造成立体透明参观道;将一号坑和二号坑之间的步行转移道改造成类似机场里面的平地快速电梯,可以快速到达目的地。再配合图3.9中的其他改善措施,预想未来的PCE应该可以达到60.23%,真心希望该分析可以让景点的管理方看到。

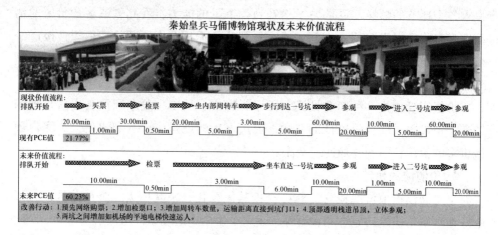

图 3.9　秦始皇兵马俑博物馆的价值流图

再以设计生产线的思路来分析参观秦始皇兵马俑博物馆的拥堵情况，假定一年内参观景区的游客有 100 万人，年度参观时间是 2340h，游客出来的节拍为 8.42s/人[（2340×60/1000000）min/人＝0.14min/人＝8.42s/人]，理论上，游客要经历的停留点数量是 56.5/0.14＝403 个（56.5 是图 3.9 里的增值时间之和），而实际上景区内只有 7 个停留点位，所以必然拥堵，这也印证了目标 PCE 不可能达到 100%。

把以上场景背后的深意迁移到生产现场的价值流，实际上就是要解决生产现场的拥堵。没有拥堵，生产周期就会大幅度缩短。

价值流的管理是自上而下推动的，并将带来自下而上的成功。可根据价值流现状图和价值流将来图，创建优先的行动计划，以推动流程的持续改进，如图 3.10 所示。

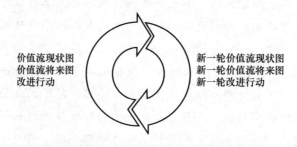

图 3.10　价值流是永不停止的活动

价值流图和行动计划是"活的文件"，使管理人员和员工一起取得进步，重新评估优先级，并确保每个人都专注于短期目标和长期目标。

管理层关注的是"将来图",懂得永远不可能达到完美的将来图。

生产现场执行价值流绘制的步骤如下。

1）任意时间点去到生产线,而不是生产线刻意安排过。注意是任意时间点去现场诊断,当被刻意安排过后,真实的现场状态已经丧失,根据被安排过后的现场得出的原始基础数据会不真实,后续一系列的改善行动都将无效。通常,团队人员在办公室商讨好之后,独自一人去生产现场查看即可,不要有助手,不要有任何生产人员陪同,获得的数据要有图片为证,以支撑后续的改善。

2）画出现状图。

3）发现在制品。

4）计算现状 PCE。

5）识别爆炸点。

6）画出将来图。

7）计算将来状态 PCE。

8）持续改善。

执行价值流绘制,需要了解和掌握以下专业术语及其运作原理。

1. 先进先出

先进先出（First In First Out, FIFO）是一种很好的拉动系统,是一种维持生产和运输顺序的实践方法。无论是配料制,还是看板制,均需要贯彻先进先出的理念。

贯彻先进先出的目的是保证库存中的零件不会放置太久,从而减少质量问题；是实施拉动系统的一个必要条件；可以防止上游工序过量生产；因某些零件可能非常特别,有着很短的"货架寿命"、非常昂贵但又经常需要。

先进先出可以理解成一个通道,一边进一边出,在这个通道中的数量、顺序、种类都是不可以改变的。物料要有固定的看板,看板按照先到先生产的顺序上料,有合理的安全库存,如图 3.11 所示。

看板卡是传递物料供给信号的一种工具,卡片内容包含零件料号、零件名称、包装数量、包装形式、使用工位、库存位置、需求数量等信息。在生产线和仓库之间实现信息传递,实现在需要的时候供应需要的数量,并且清晰地告知供料员在何处发运该物料,何处取得该物料。

看板卡确保供料员补料作业简单化,看到看板就补料,没看板不补料。如果不使用看板卡,供料员需要大量的时间才能记住哪里需要什么料,从何处能取得需要的物料。看板卡还能避免供料不及时、多补料或取料错误等问题。

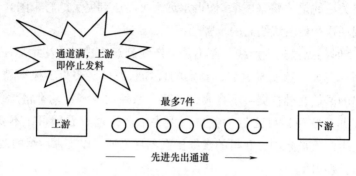

图 3.11　先进先出的形象化展示

看板卡不一定就是卡片，直接使用料盒贴标识发出信号也是看板的一种方式，只是料盒比看板卡大而已（见图 2.38）。当无法放入料盒的物料使用看板卡时，补料的流程比料盒稍显复杂，具体流程如下。

1) 操作工：操作工打开料盒时，确认看板卡在料盒中；在该料盒中取料时，应将看板卡保留在料盒中；当该物料用完后，将看板卡取出并放入看板卡槽中，同时退出运转车；当一周转车没有用完，但根据生产需要换型时，应确保看板卡在料盒中，并盖上料盒盖；取出替换的物料，重复以上步骤；操作工在交接班时应当对看板卡进行盘点，确认卡片没有遗失；如发现卡片已经丢失，应当立即报告线长，及时补齐；如发现错误放置的卡片，应及时将卡片放置于正确的工位。

2) 供料员：供料员在发料的同时取回看板槽中被生产员工丢出的看板卡，放入小火车上对应的待取料看板插袋；供料员到仓库根据看板按需取料，不多取，取好料后把对应的看板放入待发料的盒中；供料员回到生产线对应工位发料。

看板数量要设计合理，操作工应及时按照需求投递看板，发现看板缺失应及时与供料员沟通，定期盘点和补充看板数量。操作工与供料员应理解使用看板的意义并严格执行。看板卡上的信息应齐全，没有看板就不生产或搬运产品。当生产线员工收到送来的物料没有配置看板卡时，应当立即报告组长，禁止私自拼料、混料，禁止在未得到工艺允许的情况下，同时使用两盒相同的物料。

当采用物料盒供料时，流程比较简单，驾驶小火车的供料员只要看到有空料盒抛到回料通道，即刻取走，根据料盒上的补料标签描述，在下一个循环中把物料补到工位上即可。尽量多地采用料盒供料是非常高效的补料手段。

2. 在制品

通常一个工厂的物料可以分为如下三类。

1）原材料：从供应商处获取的，未经过任何加工的材料。

2）成品：所有制程都已经结束，质量检验也通过的产品，放在成品仓库里。

3）在制品：通常是原材料没有通过所有的制程，或者还没有经过质量检验，因而还没有进入成品仓库的部分。无论这部分产品是否已经生产完成，只要进入生产线还没有进入成品仓库，都是在制品。

若每个工位都达到理论上完全的工时平衡，则每个工位之间的在制品数量为零，而实际上，由于人员操作水平的高低，产品结构的因素无法随意拆分组装顺序等，导致每个工位之间必定存在一定数量的在制品。合适的在制品数量是调节各个车间和各道工序之间平衡的一个重要杠杆。

合适的在制品数量是调节杠杆，过多的在制品数量说明生产线设计不合理，工艺人员没有基于准确的数据来设计生产线，导致的问题有占压库存、掩盖问题、增加制造周期、影响5S、占用空间等。价值流管理就是要持续减少价值流向中的在制品问题，提高均衡化生产以缩短换型时间、减少废品、提高工艺稳定性。生产部要严格按照作业指导书规定的在制品数量要求进行生产。

3. 单点计划

消除过量或过早生产，减少在制品，平顺生产，确保整个生产制程完全同步，需要执行单点计划，即生产计划只下到一个工序，其余工序的生产均通过拉动而不是推动来实现。

单点计划产生的拉动有如下三种。

1）库存超市拉动系统：这是最基本、使用最广泛的类型，有时也称为"填补"拉动系统。在库存超市拉动系统中，每个工序都有一个库存超市，用于存放制造的产品。每个工序只需要补足从它的库存超市中取走的产品。例如，当材料被下游工序从库存超市中取走之后，一个看板或信号将会被送到上游，上游工序根据看板或信号上的信息生产所需数量的产品，填补到超市库存。这种拉动系统适用于制造周期比较短、操作重复性较高、体积小、需求量大的产品。

2）顺序拉动系统（先进先出）：产品仅"按照订单制造"，将系统的库存减少到最低。这种方式适用于零件类型过多，以至于一个库存超市无法容纳各种不同零件库存的情况。在顺序拉动系统中，生产计划部门详细地规划了所要生产的零件数量和生产方式，生产指令被送到价值流最上游的工序，以"顺序表"的方式生产，然后按照顺序加工前一道工序送来的半成品。在整个生产过程中，保持产品的先进先出。

3）库存超市与顺序拉动混合系统：库存超市拉动系统与顺序拉动系统可以混合使用，如图3.12所示。大量的非标定制化工厂都在追求超市看板补料，实在难以达到就采用混合系统，不会有企业极力追求顺序拉动。

库存超市看板和顺序拉动的前提是已经根据价值、使用频率识别出看板制物料属性和配料制物料属性，看板制对应库存超市看板，配料制对应顺序拉动。

图3.12 混合补料系统

不能对图3.12的显示样式有误解，即放在工作台上的物料就一定是超市看板属性，放在限位地轨里先进先出的就一定是顺序拉动，放在限位地轨里的也有可能是超市看板属性，放在工作台上的也有可能是顺序拉动，要具体问题具体分析。看板属性和配料制属性不能由现场存放方式来倒推。

在理解上述原理后，即可进行现场绘制价值流图。该图要群策群力，集合团队的力量来完成，而不是一开始由一个人在计算机上画出。在集合大家的思路之后，才在计算机上画出现状图。图3.13所示为典型的现场手动绘制的价值流图。

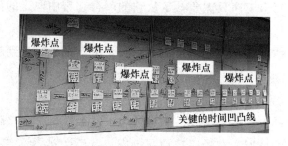

图3.13 典型的现场手动绘制的价值流图

对图3.13的解释如下。

1）凹凸线就如前述的参观秦始皇兵马俑博物馆的场景那样，底部时间之和是制程时间（Process Time，PT），是在生产线不拥堵情况下做出来一台产品需要的时间。制程时间可能大于或等于创造价值所花费的时间。相当于一台产品生产的运行时间（OT），而不是设计时间（DT），价值流里的 PT 和生产管理相关。

2）顶部时间加上底部时间之和是产品交付周期（Product Lead Time，PLT），是一台产品经历所有流程后花费的时间，包含原材料库存、在制品库存、包装区的成品等，正常按天计算。

3）制程周期效率（PCE）= PT/PLT，当 PCE = 100% 时，即代表每个工位之间没有在制品，生产是完美的，但是实际上，由于各种问题（如缺料、设计不良、员工不熟练、设备异常等），导致永远有拥堵的存在。一般来讲，离散制造业的 PCE 能够达到 40% 算比较好的，当然，PCE 能够达到 40% 以上，甚至 100% 也不是没有可能，需要工厂努力进取。

4）爆炸点可以识别出几个，但是优先级按照拥堵程度来排，最拥堵的是第一优先级。

5）时间的准确性非常重要。顶部的时间是由拥堵数量乘以节拍时间来计算的，节拍时间又是根据年度产量和年度工作时长计算出来的；底部的时间是运营时间，应由生产部提供，运营时间之和还要由工艺部核对，不能出现运营时间小于设计时间的错误。若不重视时间，PCE 都是错的，只会在错误的道路上越走越远。

以上介绍了工艺人员的高阶实践。价值流绘制在企业里执行，通常每半年一次，要调动各个部门的资源才能执行好，这还仅仅是和产品制造相关的工艺部分，如果要延伸到供应商、设计部门，会更加繁杂，此时就要求推行团队有能力统观全局，这不是一件容易的事。

执行价值流绘制后，尤其要注意得出制程周期效率，这是一个 KPI，没有 KPI 的价值流绘制是没有意义的，市面上有很多精益类公司不提这个 KPI，广大企业要注意这一点。

对于混线生产的离散制造业，价值流的绘制不是万能的，因为有一个破绽，规则定位于任意时刻去生产线上查看，不能刻意安排。这个任意时刻，有可能会恰巧遇到生产线正好一个都没有拥堵，也有可能遇到极度拥堵的情况，在以年度为周期计算加权平均的混线生产线上，以年度为周期查看，其实是不拥堵的，在年度内的某一天，可能会堵得不可开交。所以，所谓任意时刻去生产线上查看，还是要团队商讨好哪一天去，商定的日期应仅仅是团队内部知晓，不能告知其他任何部门，以防止预先清场，失去了去现场查看的意义。

3.3 操作员工培训

以一个制造业的小场景来阐述操作员工培训的重要性。

质量部：为什么这两个零件装错了？

生产部：工艺部没有在作业指导书上说清楚这两个零件的细微差异，所以我装错了。

工艺部：我可是有你和你员工签字的培训记录的。

生产部：就算你拿出来培训记录，我也不会认的，都是后补的。

工艺部：就算我这是后补的，那你为何昨日做对了，今日却做错了？

生产部：我换了新人，还不是你没有培训新人导致的？

以上对话，问题就卡死在这里了，工艺部只好无言以对，新人需要培训，估计人事部没有安排培训，生产部又不认作业指导书的培训证明，质量部来怪罪工艺部没有说清楚，不良工时就转嫁到了工艺部，工艺部写的作业指导书真是"道高一尺，魔高一丈"，即使是写得细化到分子级别，仍然可能会被无情地推卸责任。

经常会出现将操作员工培训不力的责任推到工艺部，工艺部还要收到不良转嫁单，长期以来都是无奈的现象。追本溯源地思考，操作员工培训到底应该由企业的哪个部门负责呢？有些企业是由人事部组织，工艺部具体执行，而有些企业则直接由工艺部负责，貌似没有明确的标准。

参阅 GB/T 24737.4—2012 和 GB/T 24737.9—2012 中的相关阐述，可知：

1) 小批试制工艺方案包含提出人员配置和培训计划。

2) 批量生产工艺方案包含批量生产的人员规划及工艺培训要求。

3) 现场与生产相关的工作人员应经过岗位技能培训，合格后方可上岗工作。

4) 重要设备（精密、大型、贵重等）操作人员及特殊工种（焊工、电工、无损检测等）人员应经过企业、地方相关部门的严格考试，并取得相应证书后才能上岗操作。

对上述标准的解析如下。

1) 针对工艺，国家标准里明确说明了一定要有培训，但是并没有明确说明到底是由工艺部还是人事部负责培训。

2）工艺部输出的培训是针对高效、高质量地做出产品,和人事部的政策宣贯是不一样的。

3）在特种作业培训并获得资质的事务上,由人事部负责对外沟通培训事宜是合适的,工艺部的培训针对厂内。

4）工艺的培训是整个人力资源培训体系的一部分,是子阶,不能各自为政地执行。

5）工艺部的跨部门培训对象是生产部的操作员工。

参考先进企业长期以来的实践和国家标准的解析,所有的培训都应由人事部负责,工艺部对操作员工的培训是人事培训体系的重要部分。此刻回答本节开篇场景中的困惑,即培训不力的问题应找人事部,不良转嫁单要给到人事部。不能由工艺部做了大量的事情,最终却还要承受不良转嫁单。

况且,当下一直流行人力资源业务合作伙伴(Human Resource Businesses Pattern,HRBP),即人事部要做一个懂业务的部门,是业务部门的合作伙伴。但如果不承担和产品制造强相关的培训责任,那怎么可以说是业务的合作伙伴呢?

培训的目的是给予操作员工责任意识,尤其是产品质量和弹性要求;鼓励互助和团队精神;管理关键工作、关联技能和适应性;贯彻三思而后行的理念。

做一件事情前,需要充分地学习,达成第一次就把正确的事做好的目的,而不是先做,有问题再说。

做好对操作员工的培训,通常有如下八大步骤。

1. 对培训员的培训

每家企业都要配备有资质的培训员,该培训员来自于生产一线,主要工作职责是培训生产线员工,没有培训需求时进行生产操作。该资质的认证来源于企业的工艺工程师,因为工艺部是为生产制定方法论的部门,充分践行工艺定方法、生产执行、质量监督的原则。

企业人事部根据车间职位体系的规划要求,对符合条件的员工进行严格的资质认证:统一考核(考核内容由工艺部定义)、统一培训、颁发资格证书。

通过认证的培训员将优先获得进一步职业发展的机会,还将享受相应的培训发展机会,以提高自身专业技能和职业素养。

进行培训员认证的目的:提高培训员专业度,提高培训满意度;提高培训质量,提高生产率;为生产车间员工提供更多的职业发展机会。

培训员的认证需要依据计划安排、实施培训，并跟踪被培训者的质量、效率结果；依据跟踪结果，制定改善措施，分析未达成原因。

培训内容一般有生产专业技能、演讲技巧、单点课程等。

培训员认证的流程如图 3.14 所示。

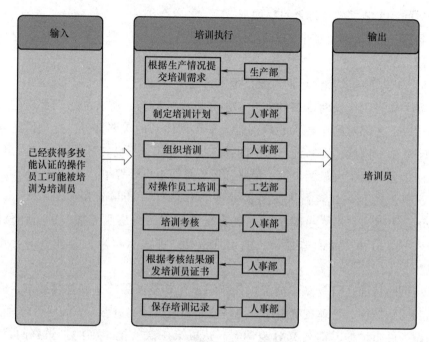

图 3.14　培训员认证的流程

培训员的资格认定培训申请由生产部提出，不是由人事部，更不是由工艺部提出，生产部自身要有能力识别出潜力员工，这也是生产负责人必备的能力。由生产部提出的培训员资格认定表如图 3.15 所示。

2. 年度培训计划的制订

年度培训计划针对的是一线员工的培训计划，是根据产能的预测、多技能工目标、复训等，预测车间各生产线一年中每个月所需培训人数而制订的计划。

提前进行每个月的预测，使操作员工数量满足产能变化的需求，减小因产能波动所带来的人员不足或富余。

年度培训计划的内容是新工培训，考虑缺勤率、离职率的弹性培训，多技能工培训及复训。其中，"新工培训"根据产能而定，"弹性培训"根据缺勤率和离职率而定，"多技能工培训"根据多技能工目标而定，"复训"根据之前的培训时间而定。

申请部门	生产部		类别	■ 内部培训
课程名称	一线培训员资格认定培训			□ 外部培训
培训机构			培训内容：操作指导书；时间分析；人机工程学；培训技巧；生产相关流程。	
受训地点			备注：已获得多技能工的操作员可能被培训为培训员。	
培训申请理由： 为了更好地培养多技能工，便于认定员工技能，故予以申请培养一线培训员				
平时表现	良好			
预期达到的效果： 熟悉时间分析和人机工程知识，掌握基本的培训和教导员工的技巧，了解生产流程，掌握多个工位的技能。				
申请人信息：				
姓名		工号	职位	级别
直接主管		申请人签名		
批准：				
N+1经理：		N+2经理：		
人力资源部经理：				
技能评价结果				
培训项目	评估结果		评估人	评估日期
多技能工资格确认				
时间分析、人机工程				
职业健康安全				
培训技巧				
以上四个方面的培训通过，则为合格培训员。				

图 3.15　由生产部提出的培训员资格认定表

及时更新产量预测，生产部应根据新的产能预测更新培训计划，见表3.1。

表 3.1　生产部基于产能预测的培训计划

某生产线	1月	2月	3月	4月	5月	6月	7月	8月	9月	10月	11月	12月
工位数												
上月人数												
差异数1												
为下月培训的新工数												
弹性需要的人数												
合格人数												
差异数2												
考虑弹性的培训人数												

（续）

某生产线	1月	2月	3月	4月	5月	6月	7月	8月	9月	10月	11月	12月
多技能工培训优先级												
多技能工培训人数												
总培训人数												
应急培训人数												

3. 执行培训

培训课程由企业的工艺工程师和质量工程师编撰，除了通常的 PPT 课件和作业指导书，单点课程是非常重要的资源。工艺工程师有义务每月编撰一个单点课程，这是 KPI 指标。

单点课程是一页的、标准结构的课程，有助于快速、清楚、简明地理解和接受一种原理、工具、概念，或者改变管理技巧，内容由是什么、为什么、如何做、关键成功要素等构成。单点课程可以印刷在 A4 纸上，可以对现有的培训进行补充和提高，可以给员工提供最基本原理的介绍。绝大部分单点课程可以在 5~15min 内完成，适用于各种环境。

以 5Why 为例，单点课程的内容如下。

1) 什么是 5Why：对一个问题点连续以 5 个"为什么"来自问，以追究其真正原因。虽为 5 个"为什么"，但使用时不限定只做"5 个为什么的探讨"，要找到真正原因，有时可能只要 4 个，有时也许要 10 个。实践下来，通常问到第 3 个为什么就可以找到真因。

2) 为什么要用 5Why：有助于迅速查找出问题的真正原因，以便及时准确地解决问题，防止问题继续恶化，造成更多不必要的损失。

3) 怎样使用 5Why：对于工作和生活中遇到的任何问题，都可以经常自问自答，通过 5 个"为什么"，就可以查明事情的因果关系或隐藏在背后的"真正原因"，如图 3.16 所示。

4) 怎样才能实践成功：针对重复出现的问题，要学会思考，彻底追查原因；当问出不证自明的根本原因时，停止问"为什么"，因为要遵循常识；问题真正的根源与过程相关。

4. 考试

任何一个培训完成后，都需要当场考试。答案不能预先发给学员，这就要求员工在上课期间全神贯注，记录所有要点。

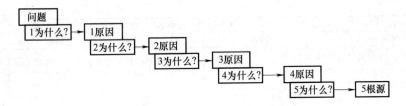

图 3.16　5Why 的逻辑路径

5. 现场工位考核

员工在培训、考试完成后，并不代表一定会执行，培训考核要转换成实际的生产能力保证和提升。一般来说，考核员是工艺工程师。图 3.17～图 3.19 所示为普通工位的现场考核和关键工位的现场考核。

工位名称:　员工姓名:　工位内容:			考核日期:	
序号	考核项	考核结果	考核分	考核员
1				
2				
3				
4				
5				
6				
7				
8				
9				
10				
考核分100-实际考核分小于80为不及格				
实际考评总分				
员工能否胜任该岗位:				
培训师签字:				
生产线/线长签字:				
部门经理签字:				

图 3.17　普通工位的现场考核

6. 多技能矩阵

基于以上步骤，为每一位员工建立能上能下的多技能。多技能在当下极其重要，尤其是大量私人定制化产品的生产，需要企业有充足的多技能工来保障。

制造业，无论是离散制造还是流程制造，产能都会随着国势、行业走势而大幅波动，这种波动会影响企业的制造运营。当订单爆发性增长时，发现员工数量不够，或者员工数量即使够，但是能力不足，导致不能按时交货；当订单下降时，会发现人员富余，但是又不能不讲社会道德地进行粗暴裁员。

评分标准				1—基本无影响	3—影响小	6—有影响	9—影响大	
指标权重				40%	20%	20%	20%	
产品型号	工位号	工位名称	工艺员	产品最终性能客户接受度	质量特性形成	质量易波动性	技能难易度	总分
××	A1	×××	沈黎钢	9	6	3	9	7.2
××	A2	×××	沈黎钢	1	9	3	3	3.4
××	A3	×××	沈黎钢	6	3	1	9	5
××	A4	×××	沈黎钢	3	6	3	3	4.2
××	A5	×××	沈黎钢	6	3	1	3	4.4
××	A6	×××	沈黎钢	6	6	3	6	5.4
××	A7	×××	沈黎钢	9	6	3	3	6
××	A8	×××	沈黎钢	9	6	3	3	6
××	A9	×××	沈黎钢	9	6	3	3	6
××	A10	×××	沈黎钢	6	6	6	3	5.4

确认签字:	
工艺	
生产	
质量	
	日期:

图 3.18 关键工位的评估表

目的：员工在没有任何帮助和零误差的情况下，应能达到工作要求。

受训者		工号		岗位		日期	
1 为完成此技术等级，必须进行至少160小时的训练。						是 □ 否 □	
2 能正确认定在此工序中的程序名和目的。						是 □ 否 □	
3 能正确认定在此工序的后道工序和前道工序的序名及质量标准。						是 □ 否 □	
4 能正确了解在此程序中所需安全预防措施和安全设备。						是 □ 否 □	
5 正确说明工序中使用的零件名称及物品号，了解零件在产品中的作用。						是 □ 否 □	
6 正确地演示或解释工序(设备)中的基本操作步骤。						是 □ 否 □	
7 正确使用此工序中使用的所有设备、工具、测量仪。						是 □ 否 □	
8 正确确认和演示所有质量检验。						是 □ 否 □	
9 正确解释有可能出现的一般的错误(故障)和如何进行修正(排除)。						是 □ 否 □	

训练员:	
线长/车间主任:	

结论	
员工能否胜任该岗位?	
是 □ 否 □	
生产经理:	运营经理:

图 3.19 关键工位的现场考核

因此，管理先进的企业会结合产能的波动，努力达成分解到最基层的操作员工是具备多技能的（见图3.20），让员工有更多的能力来迎接爆发性增长的产品交付，在确保企业高效交付产品的同时，员工的能力也自然而然地得到了提升，达成了企业和员工的双赢。这种双赢表现为多技能培养造就了大量的多面手，给予员工更多的谋生手段，促进了社会工业能力提升，充分践行了企业的社会化功能。

多技能工技能矩阵																		
产品线		×××														工位数（3分及以上）	岗位平均分	总技能分
更新时间		2023.05.11																
姓名	工位工号	部门	工位1	工位2	工位3	工位4	工位5	工位6	工位7	工位8	工位9	工位10	工位11	工位12	工位13	工位14	工位15			
×××	×××	生产部	4	4	4	4	4	4	4	4	4		4				4	14	4.0	168
×××	×××	生产部	4	4	4	4	4	4	4	4			4				4	13	4.0	156
×××	×××	生产部	4	3														2	3.5	21
×××	×××	生产部	3															1	3.0	9
×××	×××	生产部			3						2							2	2.5	15
×××	×××	生产部		2														1	2.0	6
×××	×××	生产部				2	2											2	2.0	12
×××	×××	生产部			3	3									3			3	3.0	27
×××	×××	生产部						2										1	2.0	6
×××	×××	生产部			3	4	4		3			4	4		3			7	3.6	75
×××	×××	生产部								3	3							2	3.0	18
×××	×××	生产部														1		0	1.0	3
认证人数（3分及以上）			4	6	5	5	2	4	2	3	4	3	4	1	2	1	2			
需求			1	1	3	6	3	6	3	6	2	4	1	1	1	1	1			
岗位难度			3	3	3	3	3	3	3	3	3	3	3	3	3	3	3			

图3.20 操作员工技能矩阵图

对技能矩阵图的解释如下。

1）根据产能要求定义某个工位需要的操作员工数量。

2）岗位难度被定义为：1—初级；2—中等；3—复杂。

3）某个操作员工在某个岗位上达成的技能等级：0—未被认证；1—培训中；2—基本胜任工作；3—熟练操作；4—非常好的技巧；5—可培训他人。

4）员工技能分数=岗位难度分数×员工在该岗位上的技能等级分数。

5）技能分数和员工技能补贴是一个成比例的关系，如1分=1元。

举例来说，员工张三可以操作A、B两个工位，A工位的难度是初级（1分），

B 工位的难度是复杂（3分），张三在 A 工位上达成了可培训他人（5分）的技能等级，在 B 工位上达成了可熟练操作（3分）的技能等级，张三的总技能分 = 1×5+3×3 = 14 分，假设 1 分 = 1 元，张三的技能补贴是 14 元。

3）中所述的技能等级需经过工艺、质量、生产三方认证后，由人事部颁发上岗证才有效。当员工操作质量连续两个月不满足企业要求时，考核小组有权收回上岗证。

7. 颁证

在培训考核合格后，人事部需要给操作员工正式颁证，任何员工均需要持证上岗，如图 3.21 所示。不能局限于有国家技能认证的焊接、叉车等工种，其他组装员工仍然需要持证上岗，若员工具备跨工厂多技能，需要在卡片背面写上其他工厂的名称和生产线。若是集团公司，整个集团共享操作员工的技能水平和利用状况，可以跨工厂机动调配。

操作资格证正面	某企业
	操作证
操作员工照片	姓名： ×××
	工号： ××××

操作资格证反面		操作证	
生产线	工位	等级	日期

图 3.21 操作资格证

8. 复训

员工的培训滚动循环，以免当年度持证员工由于仅在某一个工位长期操作而生疏了其他工位的技能。当技能不熟练时，即刻调动该员工去其他岗位，这样一定会出现问题，因此对多技能工的复训需要按规定的时间间隔进行（复训的时间间隔或频率根据各企业的生产实际状况制定），以确保员工的学习曲线平稳上升。

本节基于工艺国家标准的规定并参考先进企业的实践，工艺人员对操作员工的培训关系到高效、高质量地制造，通过以上八大步骤，将保证工艺人员对操作员工的培训是真实有效的，将有效避免将培训不力的责任归咎于工艺部的情况。

但还是要清醒地认识到，即使工艺人员把全部精力花费在培训操作员工上，所谓"智者千虑,必有一失",仍然会在重大质量问题根源分析上被认为是作业指导书问题,既然质量问题分析由工艺部来做,肯定会脱不了干系。当然,培训的目的不是为了撇清责任,而是为了更好地生产。

数字化时代的来临,可通过数字化手段保障对操作员工的培训更加完善、更加精准,详情请参阅5.4节的操作员工培训。

3.4 用于高效制造的工具设计

有四项专门的工艺国家标准来讲解工装夹具的设计、制作、验收,分别为 GB/T 24736.1—2009、GB/T 24736.2—2009、GB/T 24736.3—2009、GB/T 24736.4—2009。无须细细展开即可知晓工装夹具设计是工艺的核心业务之一。

国家标准对工装的定义是:产品制造过程中所用的各种工具总称,包括刀具、夹具、模具、量具、检具、辅具、钳工工具和工位器具等。模具设计是一个庞大的技术门类,有专门的模具书籍可以参阅。

工装夹具的制作在当前时代并不难,设计也不难,毕竟不是产品设计,工装设计的难度是小于产品设计的。那本节到底要讲什么呢?本节专门以场景来阐述除模具以外的工装夹具设计背后的需求思路。

3.4.1 配料制转看板制零件存放架设计需求思路

1. 背景

某非标定制化工厂生产 6 种宽度的系列柜子,该系列的宽度从 325mm 到 2000mm 不等,柜型混线生产,而且是流水线生产,可能第一台宽度是 325mm,第二台宽度就是 2000mm,第三台宽度就是 1500mm,如图 3.22 所示。

长期以来,工厂都是定制化生产,可能一个订单就含有 6 种宽度的柜型。当计划部收到了市场部的订单,会把该订单用到的 6 个种类的 U 型腰线下单给工厂的钣金制造车间。在订单制生产的模式下,钣金车间苦不堪言,具体痛点如下。

1)某个长度的腰线有时候就一个,做完后就要换折弯刀模,折一个 U 型腰线只要 10s,但是换一个刀模却要 30min,生产率极其低下。

2)再怎么追求快速换模,换刀模的时间都无法减少,一直被生产部抱怨不能按时交料到生产现场。

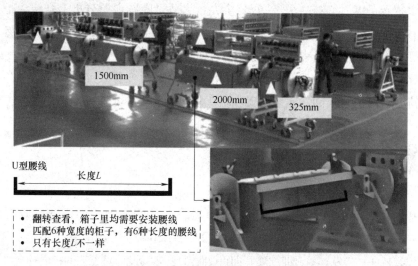

图3.22 不同宽度的系列柜子在流水线上混线生产

3）每次来该类订单，钣金车间都高度紧张，由于要快速换模，把该物料快速交给生产线，有时太紧张甚至导致发生了工伤。

2. 解决方法思考

追求快速换模，脱胎于丰田汽车公司的丰田生产方式（Toyota Production System，TPS），是市场上广为传播的理念，给广大企业形成的概念就是想要小批量多品种生产，追求0s快速换模是唯一的途径，于是广大企业开始请精益老师来带着大家做各类效率提升的项目，提前做了很多准备工作，花了不菲的费用，设计了兼容各种柜型的快速换模工具，但是还是很难减少快速换模的时间，提升有限，投资回报的收益并不高。

跳出这个思维牢笼自问一句：真的需要追求快速换模吗？不快速换模行不行？

回归本源重新思考并演绎，该工厂是订单化生产，即来一个订单，就生产一个订单的物料，绝不多做，一旦多做，有形的物料就多了出来，这显而易见地浪费了企业的财产，不多做一个零件是好事，但是无形的浪费却产生了，半个小时的换模看起来是不得不浪费的时间，这不得不浪费的时间还是归入浪费，又不能归入增值。如果把有形和无形的浪费加起来算总账，把无形的时间浪费折算到零件成本上，按订单制生产的零件成本是高的。

根据上述内容，该场景是不是反过来也成立？即不按订单制生产的零件成本是低的？

第3章 优化类工艺能力

此时，引出对应于订单制生产的一个术语，既有订单制生产，就有看板制生产。订单 BOM 里的物料分为配料制物料（和订单挂钩）和看板制物料（和订单不挂钩）。

关于配料制物料和看板制物料，可以形象化地描述如下：

去超市里面买方便面，当超市货架的方便面被取走一包后，过一会儿，超市补货人员会过来把方便面补满，这就是看板制，永远保持方便面货架是满的。超市里有生命周期很短且比较贵的基围虾，超市的做法是进一批货后，彻底卖掉后再进下一批，不会这一批虾被买走了一斤，马上就补一斤的量，这就是配料制。本场景关于配料制和看板制叙述到此，已经可以用来说明该案例，欲知更详细的原理，请参阅笔者其他图书⊖。

3. 解决对策

设计专门的看板制货架，保证该货架上的零件永远是满的，如图 3.23 所示。若计划部门的一个订单里只有一台 2000mm 的柜子，钣金车间不会专门做 1 个腰线，而是无视该订单，确保该货架上存放 2000mm 柜子需要的腰线是满的，有若干个腰线而不是 1 个腰线。

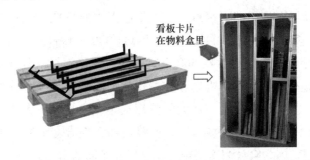

图 3.23 一个货架可以存放所有类型的腰线且数量是可控的

以上方案产生了大量的好处，具体如下。

1) 如图 3.23 所示，现场状态得到了大幅的提升。原来把一堆零件堆积在木托盘上，和木托盘一起拉到生产线上使用，这是显而易见的现场管理不好；新的方式是放入专门定制的货架上，现场良好，管理精细。

2) 运行模式从配料制改为看板制，和订单不挂钩，补料由看板卡片触发，即当仓库物料巡检员或者开供料小火车的人员经过该货架时，查看货架边上的看板卡片盒子里是否放了需要补料的卡片，如有，则把该卡片取走，在仓库里

⊖ 其他图书指《工业数字化本质：数字化平台下的业务实践》，机械工业出版社，2024；《数字化转型底层思维故事》，企业管理出版社，2023。

找到该物料的库位，取出看板卡片上规定数量的物料，送到生产线的货架上。

3）在仓库多次补了该物料后，该物料的库存"水位"将会下降，下降到一个阈值后，仓库需要通知钣金车间重新把库存补满，举例来讲，该物料存放在生产线货架的一格里，可以存放 30 个，该物料对应的仓库库位存放了 10 倍的量，即 300 个，当仓库人员发出多次 30 个的量后，库存"水位"会下降到 60 个，60 个是一个阈值，即触发到该阈值后，仓库会给钣金车间发出补料信号，钣金车间可以在自我可控的时间内做好 240 个物料并给到仓库，这样仓库库存又回到了"满水位"。从该流程里可以知晓，仓库、生产线、钣金车间完成了内循环，自始至终都没有和订单产生关联，这就是看板制的魅力。

4）在看板制路上走得更远的企业，甚至会直接绕过仓库。生产线的补料看板是电子信号传递方式，当生产线需要补料时，按下补料按钮，钣金车间即刻收到需要补充的物料及数量，钣金车间在自己的可控时间内，把物料送到工位上，至于入库，采用虚拟入库模式即可，即物料没有进入仓库，但是 ERP 里面做了仓库入库台账。

5）站在企业运营成本角度看，似乎该方式和当下 0 库存的极致追求是背道而驰的，如果以年度为周期来盘点，会在年度盘点时发现该物料在仓库里多了 300 个，即一个满库位的量，再进一步地计算这 300 个物料的材料成本，该材料是普通的 45 钢板，价格低廉，故 300 个物料的总体成本可能仅几十元，这多出来的几十元是盘亏了的。但是当企业算总账，把原来一年中几百次的换模次数减少为几十次，大大降低了这一巨大的隐形成本，只是没有人算总账而已。可惜的是，很多企业还是各自为政，不喜爱算总账，现有会计制度也在推波助澜地割裂各个部门，因为会计制度里规定了仓库和车间的费用是独立核算的。

6）解决了快速换模和生产线缺料问题，钣金车间再也不要疲于奔命，而是可以根据自己的节奏，结合生产线给出的充足的补料需求周期，按部就班地制作钣金零件，从救火式补料变成了预防式补料。

3.4.2 更改设计以达成工艺优化的思路

1. 背景

某企业的大型柜子的操作面板都是专门定制的整块样式，有 6 种宽度的柜子，就有 6 种宽度的操作面板，如图 3.24 所示。

这种长期以来配套 6 种宽度操作面板的方式，产生了一系列问题，但是并没有人质疑，具体问题如下。

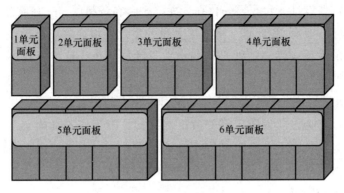

图 3.24　不同宽度的柜子配整块操作面板

1）和 3.4.1 小节叙述的一样，属于救火式的配料制生产，供应商每次都急吼吼地制作零件，并十万火急地送料到客户处，工作压力大，而且效率极其低下。

2）该操作面板是喷塑件，涉及外观考核，若外观划伤，可能会导致客户退货。

3）长期以来的配料制生产，导致无法专门定制合适的周转车来防止面板被划伤，生产线上每次在安装操作面板时，都需要检查外观是否有划伤，如有划伤，该零件只能报废，每日的不良品会议里都有面板划伤导致的不良及相应的不良费用转嫁。

4）该面板不是自制的，而是外购自供应商，供应商处为了保证外观不划伤，在面板上包了厚厚的保鲜膜以防止长途运输中的磕碰，保鲜膜倒不值钱，但是包保鲜膜的人工费用却相当昂贵，即使用机器来包保鲜膜都不能抵消人工费用。

2. 解决方法思考

长期以来，该企业都充分尊重研发人员的设计，生产 6 种宽度的操作面板，尊重研发设计是没有错的，但是万一研发设计不合理呢？如果没有工艺部的存在，基本不会有企业的哪个部门去质疑研发的合理性，因为技术能力不对称。只要哪个非研发部门的人去质疑设计，通常会受到回怼"要不你来"，质疑者只好灰溜溜地缩回去了，这还真是当前大部分企业的真实写照。

如何解决背景段落里的问题呢？思考的具体过程如下。

1）上述问题反过来说就是需求，从看板制或配料制属性来说，由于零件是外购件，如果要给 6 块操作面板专门设计周转车的话，仅仅在客户工厂内，一种柜型至少需要设计3台车,一台在仓库,一台在备料区,一台在生产线,6种操作面板意味着要有18台车,将占据大量的生产区域,这还没算供应商处,为了保持适当的库存,供应商处必将制作大量的周转车,这种方式不符合经济性要求,不能照搬照抄3.4.1小节讲述的配料制零件转看板制零件存放架的方式。

2）划伤问题是显著的质量不良,这种不良在研发释放量产时被归入微小问题范畴,所以不会在研发阶段就修改产品结构,因为该不良确实不影响产品功能实现,而且也基本上不会流到客户端而导致退货,因为厂内在安装面板时已经检查过是否有外观不良了,即使客户端因为外观不良而投诉,工厂去现场更换一块操作面板即可。

3）如何解决划伤问题？有没有更加简单直接的办法？能否不包保鲜膜？这体现了生产工艺性的经济性要求,毕竟供应商报价给工厂的价格是含有保鲜膜材料费和人工包装费的。

4）经检查,产品设计是按照单元数来设计的,有1~6单元,内部结构均是按照单元模块式设计,水平展开到1~6单元对应的1~6操作面板为什么就要做成一体式而不是单个操作面板拼接呢？经询问研发人员,得到两点回复：①要保证正面的钣金拼接缝隙不大于1mm,太大会导致防尘防水的等级不够；②整块板的产品结构简单,装配比较简单,1单元和6单元的安装螺钉都是2个,若换成拼接的6块板,安装螺钉将达到12个。这是基于物料成本来设计产品结构,这并没有错。

5）站在研发设计的角度,这种一体式的结构确实对制造装配和产品防护性能有好处,可是,这里的问题在于,仅着眼于此是不够的,在大批量制造期间,产品的划伤报废、供应商保鲜膜及包装费、厂内拆包装费都要计算进去,尤其是为了保证操作面板不划伤,工厂仓库还不能拆包装上线,只能遵守"除非有质量问题,否则仓库要拆包装上线"这个原则,因为一旦仓库拆包装上线,会在仓库运输到生产线之间产生操作面板划伤报废,这个拆面板保鲜膜的动作只能由生产线的工人来执行,浪费了直接生产率,拆保鲜膜的时间都要多于装配紧固螺丝的时间。

正是由于工艺的定位是企业里承上启下的关键部门,工艺人员既深度理解产品功能原理,又是生产技术的源头,所以工艺人员才有能力破除通常的思维定式。针对该问题,工艺人员想到了用更改设计的办法来达成高效制造,这种方式比较罕见,这也践行了GB/T 24737.3—2009所述的结构工艺性审查的生产工艺性：产品结构的生产工艺性是指其制造的可行性、难易程度与经济性。

3. 解决对策

在工艺人员的生产工艺性审查下,最终达成了更改结构设计以达成问题的完美解决,如图 3.25 所示。

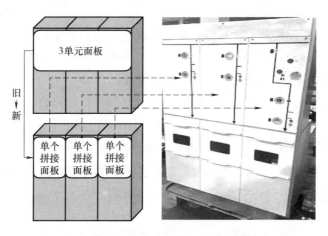

图 3.25　新的设计方式由整块面板改为拼接式面板

新的设计方式进一步引导了后端的标准化供料,彻底解决了以上问题,新供料方式如图 3.26 所示。

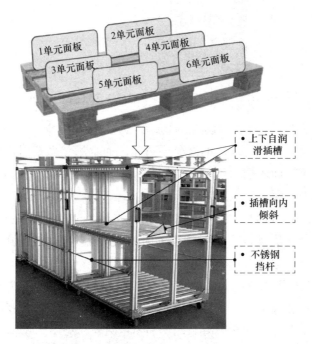

图 3.26　新结构面板决定了新的供料方式

新方案的详述如下。

1）化整为零,从原来配料制供 6 种面板的方式,改为只要供 1 种面板即可,在新结构产品上,6 单元安装 6 块面板,5 单元安装 5 块面板,以此类推。

2）属于看板制模式,供应商送 3 台放满面板的周转车到工厂,只要看到有空车,就补上另一辆满车的面板,实现了永不断料、和订单不挂钩,至于盘点盈亏,道理和 3.4.1 小节的例子一样,不再赘述。

3）设计人员无须再专门设计带客户要求(如印客户标识、客户型号等)的整块面板,极大减少了设计人员的工作量,客户特色要求由小型标贴来实现。

4）新的设计仍然满足了防尘防水的国家标准,正面拼接 1mm 缝隙是宽误差,即使是 6 块拼接,也很少会发生缝隙超标;即使超标,由于锁紧螺钉是腰形孔,可以微调缝隙到合格范围,如图 3.27 所示。

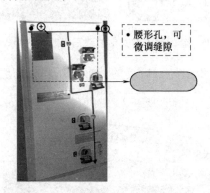

图 3.27 新设计可微调缝隙达成拼接缝小于 1mm

5）不再需要包保鲜膜以防止划伤,因为使用了 POM(聚甲醛树脂材料,一种极其光滑且带自润滑作用的高分子材料,通常用于做塑料齿轮)插槽,没有包保鲜膜的喷塑面板插入插槽不会划伤,不像原来堆在木托盘上的方式,一不小心就会划伤。面板成本得到了降低。

6）使用新的操作面板需要更多螺钉,操作员工选择宁可多拧几个螺钉也不要撕保鲜膜,撕一块操作面板保鲜膜的时间实际上和拧螺钉的时间相差无几,因为使用的是电动螺丝刀,所以拧螺钉非常快速。

7）面板放入 POM 插槽后,供应商需要长途运输,在运输过程中,运输车在转弯过程中可能甩尾,导致面板从面板车里甩出,为了防止该问题,POM 插槽向内倾斜 3°,尽量避免运输导致的产品质量问题(见图 3.26)。

8）在面板车上增加了不锈钢挡杆作为双保险,防止即使有 3°内倾斜角,还

第 3 章　优化类工艺能力

是被粗暴地甩出插槽。在工厂内部，不锈钢挡杆同样能够保证厂内小火车运输转弯时，面板不会被甩出。在操作员工取用操作面板时，基于工装设计"取用不超过 3 个步骤"原则，该挡杆设计结构非常精巧，打开不锈钢挡杆时只有 2 个步骤。

9）工艺要求的更改结构设计还达成了意想不到的效果，即便于维护，匹配了 GB/T 24737.3—2009 所规定的使用工艺性：产品结构的使用工艺性是指产品的易操作性及其在使用过程中维修和保养的可行性、难易程度与经济性。原来采用整块面板，当需要维护面板覆盖下的其他精密机械部件时，需要拆除整块面板，当该柜子是多单元，而需要维护的精密机械部件只是多单元里的某一个单元时，为了维护一个单元而不得不打开全部单元，是多此一举的事情，并且有可能在维护过程中损伤旁边正常的精密机械部件。

3.4.3　人机工程工装设计思路

1. 背景

某企业里的 EHS 部门会常态化地召集各部门进行现场的人机工程测评，人机工程测评清单里有一项是提升重物不能超过 10kg，一旦超过 10kg 且一天内的提升次数多于规定的次数，就要设计人机工程的工装夹具，以确保劳动不会造成工伤。

某次测评下，发现生产线上某个工位的员工在木托盘上取用大于 10kg 的精密机械部件，且一天的弯腰次数超过了规定的次数，取了该精密机械部件之后，操作员工还要水平托举着该部件，安装到被装配件里，长期水平托举下，会导致肩胛骨磨损，该问题属于典型的人机工程不良，如图 3.28 所示，这种不符合项并不能通过宣导员工注意自身的腰肌劳损来解决，而需要工艺人员基于工艺优化的国家标准，结合人机工程学知识来进行改善。

图 3.28　取用大于 10kg 的物料不符合人机工程要求

2. 解决方法思考

该人机工程不合格的状况要改善，但是在改善之前，要想清楚如下要点。

1）不能在解决了人机工程问题后，操作时间加长了，这违背了人机工程在不增加额外劳动的同时,要达成更高效率的原则。

2)人机工程装备有高端装备和一般装备。高端装备可以达成在取用物料后,实现在任意位置悬停,效率更高;一般装备就事论事,仅仅是辅助升降,如图 3.29 所示。到底要选择哪种装备?高端装备需要二十几万元,一般装备才几万元,这需要仔细思考。

图 3.29 高端装备和一般装备比较

3)该工位到底耗时多少?有没有因为人机工程的原因导致耗时增加?人机工程问题的耗时占总体工时的大部分吗?在决定用哪种装备前,要分析出该工位在流水线里是否是瓶颈,(见图 3.30),如果是瓶颈,采用高端装备,反之采用一般装备。

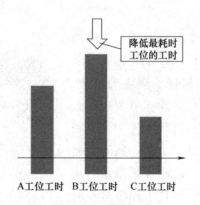

图 3.30 降低最耗时工位的工时以达成均衡生产

4)不能把生产线上的负重转移到仓库去,从该精密机械部件入料开始到生产线工位的整个过程,都要实现有专门的提升装置来确保每一个环节都没有负重超标。

5)不能因未来的工装夹具而对该精密机械部件造成质量问题,该精密机械部件价值几万元一个,之前就放置在木托盘上送料,导致其掉落地面(见

图 3.31），损失几万元，也有操作员工在托举不力时，该部件磕碰或掉落而造成损失。

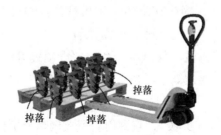

图 3.31　原送料方式导致精密机械部件易磕碰或掉落而造成资金损失

3. 解决对策

人机工程想要真正地做好，不是每天喊口号说关爱员工，而是要结合产品关键要点，达成全方位的保护和方案经济性，不能着眼于仅仅解决工位上的不符合项，把负重问题转移到其他部门，导致在评审到其他部门时，该问题又会出现而不断根，因此，要体系化地解决一个问题而不是头痛医头、脚痛医脚。工厂里有且只有工艺部才能真正做好人机工程改善，这也是国家标准里要规定由工艺人员来执行人机工程改善落地的原因。

针对该问题，最终形成了体系化的方案，如图 3.32 所示。

图 3.32　体系化的人机工程改善方案

该方案的具体解释如下。

1）供应商送货至工厂的包装是纸箱包装，产品用形迹泡沫固定，揭开盖子和四周的纸围挡，精密部件就可以用升降机取用。

2）经工时测定，该工位并不是瓶颈工位，且在入料区和生产工位上都安装悬停机构的成本巨大，故排除了可以任意位置悬停的高端方案，选择一般的方案，采用电动升降取料方式。

3）步骤1：把电动升降机和空的精密机械部件周转车一起推送到收货区，按下电动下降按钮，升降机构下降到所需位置，向前推动升降机，即可把升降机构上的插销插入精密机械部件对应的孔，按电动提升按钮，升降机即可把精密机械部件提升到所需要的高度，然后升降机带着精密机械部件一起向前，挂到周转车上。

4）步骤2：反复执行步骤1，直到周转车放满精密机械部件。

5）步骤3：把放满精密机械部件的周转车用小火车拉到生产线上的工位里。

6）步骤4：操作员工用另一台同样的升降机反向操作步骤1，从周转车上取下精密机械部件，注意该步骤和步骤1一样，取用仅3步，不浪费工时，不会比原先的水平托举更耗时。

7）步骤5：操作员工将升降机旋转180°，准备把精密机械部件装入被装配件。

8）步骤6：对准被装配件上的安装螺柱，操作员工使用紧固螺母把精密机械部件安装到位。

9）从入厂到装配到产品里，精密机械部件全程都被有效提升、悬挂、取用，原本磕碰导致的损失得到了彻底的解决，降低了质量损失成本。

10）解决了人机工程问题，提高了员工幸福感，不再有抱怨，最终企业和员工都获益。

3.4.4 其他工装夹具案例思路简述

1. 关键零件的防护周转车（见图3.33）

该防护周转车的设计思路解释如下。

1）零件需防尘、防氧化，所以需要设计密封抽屉，抽屉盖要透明，达成可视化，以让操作员工知晓零件的存放数量。

2）零件非常昂贵，不能磕碰，所以抽屉里要设计成形迹管理，零件要插入对应的放置槽里。

3）取用不超过三个步骤，所以抽屉向内倾斜，当操作员工拉开抽屉取走零件时，抽屉自动回位而无须手推回。

4）周转车高度不能超过1.5m，保证正常1.7m身高的员工无须踮脚取零件。

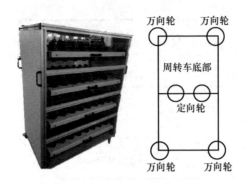

图 3.33　关键零件的防护周转车

5）底层抽屉放置不常用零件，保证操作员工弯腰次数不超标，人机工程测评合格。

6）零件非常沉重，故底部承重轮采用低重心万向承重轮，分布在四角，底部中心还有两个定向轮，防止该沉重的周转车在转弯时甩尾。

7）践行仓库拆包装上线的供料原则，所以要设计该专门的防护周转车，不能仅仅是简单粗暴地拆包装，拆包装后的质量隐患要排除。

2. 人机工程斜坡（见图 3.34）

该人机工程斜坡的设计思路解释如下。

1）原先的工况是电控板平放在工作台上，员工要扭曲操作才可以把各类电气元件安装在板上，长期低头操作，压迫颈部神经，造成工伤。

2）参考学生课桌，可调节桌面斜度，设计了可调斜坡，解决了员工低头操作压迫颈部神经的工伤隐患。

3）根据不同身高的操作员工，该人机工程斜坡可以调节不同的角度，兼顾了各类身高的员工，通用性好。

图 3.34　简单实用的人机工程斜坡

3. 快速检具（见图 3.35）

该快速检具的设计思路解释如下。

1）图样规定尺寸 L 是一个钣金冲压件的中心孔距，该尺寸需要重点管控。

2）生产线架设完冲压模具后，会调试生产出第一个零件，第一个零件需要首检合格后才可以开启大规模生产。

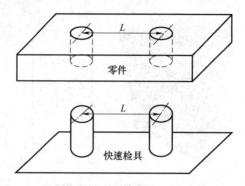

图 3.35　有效协助快速生产的快速检具

3）生产现场只有游标卡尺，游标卡尺只能直接测量出孔径，但是不能测量出中心距。使用间接测量手法测出来的尺寸又不准确，所以该零件需要拿到质量部的检验室进行中心孔距的测量。

4）由于是计件制模式，操作员工在等待质量检验室测量期间，是没有计件工资收入的，故生产线经常抱怨质量部影响了操作员工的收益。

5）有没有既不影响操作员工的收益，又可以快速测量出尺寸是否合格的办法？工艺国家标准规定由工艺人员设计的快速检具应运而生。

6）把工艺部设计的快速检具和零件孔相配合，能够放入零件孔，代表该首件零件合格，可以大批量生产。该快速检具就相当于通止规，实现了快速检测，提高了生产线的效率。

本节充分阐述了制造业里的各类工装夹具设计思路。仅仅能够操作机械设计软件来画出工装夹具图样，是绘图员的水平，工艺工程师需要有设计思路，该设计思路不是凭空而得，不是天生的，而是要深耕制造业，精通产品功能原理和精益生产思维，辅以敏锐的观察力，这样才能做好工装夹具设计，否则做出来的工装夹具只是为应付而生，甚至连工业美感都没有。

尤其是人机工程的工装夹具，对工艺人员的要求更高，仅仅着重于某个点上的人机工程改善是远远不够的，应结合体系化的思维找到最优解，否则就如"按下葫芦浮起瓢"，只会疲于奔命。

工艺国家标准规定了工艺人员要承担太多的任务，这就是现实。专门用了四个国家标准来阐述工装夹具，证明该任务无疑是工艺人员的重头戏，要相信国家的良苦用心，因为只有工艺人员才能设计出优秀的工装夹具来辅助高效、高质量生产。

3.5 现场工艺纪律检查

在本书的第 1 章里，现场工艺纪律检查并未列入工艺的核心事务清单，理论上，在本章里无须把现场工艺纪律检查单列一节来仔细阐述，但是还是单列出来，笔者是想要澄清一直以来制造业内的困惑，即到底要不要按照工艺国家标准来进行现场工艺纪律检查，毕竟这标准是带推荐标准，并非强制标准。

笔者在作为工艺负责人期间，从来不检查工艺纪律，倒不是因为懒惰，而是基于"三权分立"的原则来决定到底要不要做工艺纪律检查，该原则就是前述的工艺定方法、生产执行、质量监督。

工作中，质量部的巡检会经常检查生产线上的操作员工是否按照作业指导书规定的要求来进行操作，若有发现不匹配的情况，要么让操作员工纠正到位，要么询问工艺人员该操作是否合理。若工艺人员评审下来确实不合理，就更新作业指导书，达成操作员工的动作顺序和作业指导书规定的操作顺序一致。

一直以来都是这么操作的，笔者已经默认就是这样，直到有次在高端讲坛上讲解工艺体系时，学生满是疑惑地来倒苦水，对话如下。

学生：单位领导老是要我去检查工艺纪律，我们工艺部根本不愿意去。

笔者：你这么做是对的，不能既做运动员又做裁判。

学生：是呀，领导难道不担心我偷偷地改了作业指导书吗？没有任何流程就挂上去。老实说我们每天都很忙，却还要做这个事情，这简直就是谁提谁负责，不符合常识。

笔者：谁提谁负责就是把自己部门孤立起来，要不得。我建议你按照我讲的方法来，不要检查工艺纪律。

为何会有这种不符合工业逻辑的事务产生呢？

在我国大部分企业里，质量检查的职责是把分派给质量部的检测工位操作好即可，检测工位的人是质量部的人，即使是慢慢检测影响出货也无所谓，而世界先进企业里检测工位的人也是属于生产部的，有效率要求，这种情况客观上也导致了质量部没有围绕生产线的质量巡检，只做相当于操作员工的检测工作，而分布于各个工位的作业指导书自然也就无人问津。

在这种情况下，基于"我的工作由我保证"，上级领导要求工艺人员去检测工艺纪律也是情有可原的，笔者虽然不赞成工艺进行工艺纪律检查，但也认可这是在当前时期无奈的选择，希望随时时代的发展，工艺不再进行工艺纪律检查。

接下来，还是要阐述下 GB/T 24737.9—2012 规定了工艺需要进行现场工艺纪律检查，具体要求如下。

1）人员要求：现场与生产相关的工作人员应经过岗位技能培训，合格后方可上岗工作。

2）工艺设备、工艺装备管理：生产过程中使用的设备、工艺装备应保持既定精度和良好的工作状态，满足工艺技术要求。

3）物料管理：对产品质量有重要影响的物料应做好标记，并对其储存、运输和使用过程进行追踪，以保证产品质量的可追踪性。

4）工艺文件管理：工艺文件更改应符合文件管理程序和相关工艺管理要求，并及时修改相关的技术文件；工艺文件应正确、完整、统一、清晰等。

5）工序质量控制：工序过程应稳定保持产品质量的一致性，对关键工序应重点控制。

6）工艺定额控制：依据工艺定额控制现场材料消耗和劳动消耗，对由于改进产品结构、采用新材料和新工艺、工艺优化或定额不合理等原因产生的定额与实际不符问题，及时反馈给定额编制部门，适时调整工时定额和材料消耗定额。

7）现场环境管理：工作现场应干净、整洁、安全，符合 6S 规定。

8）现场改进：应用工业工程技术优化工艺流程，改进操作方法，改善工作环境，整顿生产现场秩序并加以标准化，有效消除各种浪费，提高质量、生产率和经济效益。

9）现场监测：指导和监督工艺流程的正确实施，发现工艺问题，应及时反馈给相关责任部门和责任人，并及时修改或调整工艺文件；生产过程中应严格按照工艺文件，对影响产品的主要工艺要素和工艺参数进行监视和测量，并做好记录等。

从以上细化点可以知晓现场工艺纪律检查已经是体系化的检查，工艺给予质量的控制点要检查，工艺要进行现场 6S 检查，工艺要进行现场的持续改进，工艺还要对设备状态进行检查、工艺更要检查由工艺人员培训好的操作员工资质以确保没有无证操作等。

源自日本的5S在当前制造业大行其道，引入我国国家标准时，多加了一个安全（Security）成为6S，在国家标准里归属于工艺现场管理的子项。在实际执行中，由于大量企业不重视工艺，工艺反而被5S盖住了风头，本末倒置了。企业通常把现场工艺纪律检查当作5S的子项，建立了一套扣分标准，严重扣3分，一般扣 2 分，轻微扣 1 分，见表 3.2，基本上国家标准规定的检查项都包含在 5S 检查清单中。

表 3.2 工艺检查扣分标准包含在 5S 检查清单中

类别	不合格描述
严重	消防通道/门不畅通，消防设备不齐全或被阻挡，标识不清楚
	员工未按要求正确佩戴防护用品，如防护鞋、防护眼镜、安全帽等
	高位货架区域、行吊、高温作业、加工等危险作业无防护设施
	电线、气管出现破损，使用临时线路且无警示盖板
	化学品未具备化学品安全技术说明、安全标签，危险、配电设施无警示标识和专人负责
	检查中发现的其他严重问题点
一般	员工未经培训直接上岗，工作期间员工未佩戴工牌，未遵守劳动纪律
	产线未按要求悬挂作业指导书，操作员未按作业指导书要求作业
	过程流转卡未按要求盖章或签字
	员工工作过程中存在抛、踢、拖拽等野蛮操作行为
	信息交流板内容未更新，包括每日点检表、5S、TPM 等
	非工作状态，产品、半成品未处于关闭状态
	私人物品没有放进指定的位置或储物柜中
	不合格项目在下一次的审核之前没有完成
	检查中发现的其他一般问题点
轻微	设备、工装的有效工作区域堵塞或占用
	产品、工具、设施无规范清晰的名称标识或状态标识，或过期标识未更新
	生产过程中的物料、半成品、成品、工具、工装等未分类摆放整齐
	机器、工装、工作台、托盘等现场物品没有固定的位置
	料盒、物料、工装夹具、模具物品等混放且物品无标识
	工作区域内过道堵塞，如托盘、转运车、成品等
	工具箱、工作台有相应的标识却有不相符物品，如手套、图样、零件等
	物料摆放凌乱，没有规律
	工作地、公共区域、走廊、机器、工作台、柜子、设备上有灰尘、杂物
	各工作区域、通道未标识规范、划分清楚，标签/地标带脏乱、破损
	没有对各自区域机器、设备、工装夹具和工具清洁，地面未进行清扫
	影响人机工程学，不利于员工正常工作
	文件柜内及桌面资料未分类存放或未摆放整齐，无指定标识
	检查中发现的其他轻微问题点

其实不必纠结现场工艺纪律检查是 5S 的子项，还是 5S 是现场工艺纪律检查的子项，分解到最底层的执行层面是同一个要求即可。

在数字化时代，已经有了数字化平台来管理现场的 5S，详情请参阅 5.5 节。本节论证了在当下，现场工艺纪律检查仍然是工艺的一大块事务，该检查动作是必不可少的，即使工艺不做，也会由质量巡检做，只是分工上的不同而已。笔者殷切地希望在未来的年代里，实现了现场工艺纪律检查由质量部来进行，或者该工艺国家标准在更新版本时，在正文里明确了现场工艺纪律检查由质量部执行。

3.6 其他优化类工艺简述

1. 合理化建议

GB/T 24737.8—2009 中规定，工艺验证过程中，工艺人员应认真听取生产操作者的合理化建议，对有助于改进工艺、工装的建议要积极采纳。

进一步延伸该国家标准要求，在工艺方案验证结束后，如果现场员工还能发现优化项，工艺人员同样需要积极采纳。

在企业层级，合理化建议是一个全员参与的活动，具体执行下来，大部分的任务均由工艺人员来执行，理由如下。

1）既然都已经到合理化建议层面了，自然对操作员工造成了极大的影响，故不能用宣导和培训来解决。

2）不能用宣导和培训来解决，只能用物理的防呆或自动化工具来保障。

3）各类专门定制的物理装置，只能由工艺部来完成。

因此，合理化建议执行得好的企业，工艺人员极其繁忙，工艺部人员数量还极其多，真正达成了工艺保障生产。

2. 快速换型

快速换型是指型号切换时，外部辅助时间的影响缩减到最小，机器设备的切换时间最小化。快速换型在工艺国家标准中归于工艺优化。

快速换型要打破通常的认知，快速换型要分瓶颈工位的快速换型和非瓶颈工位的快速换型，若瓶颈工位没有达成快速换型，导致的损失是交付客户的成品数量少，内部损失衡量是销售单价×损失数量，因为瓶颈工位决定了最终交付客户的成品数量，而非瓶颈工位的快速换型，减少 1s 和减少 1h 均不会增加交付客户的成品数量，真的只是时间上少了而已，不会对企业最终的盈利产生实质性的促进。

当企业的标准化程度做得好，就会大量减少快速换型，如生产线设计时践行差异后置的理念，提高生产线的标准化程度，只在最后一个工位有换型，快速换型的意义自然而然就越来越小。

当企业即使没有践行差异后置，但是大量提高了看板制比例，更换刀模的次数同样会大量减少。

当企业的研发部积极配合工艺部进行结构更改以实现标准化生产，快速换型同样可以大量减少。

以上内容在本书中都有提及，所以当企业在推行快速换型时，不要着重于一个点上的快速换型，而应该把该换型放到整个制造体系里思考，可能会得出截然不同的答案。

快速换型基于时间的精准才可以开展，如果工时是准确性不高的计件制模式，在不准确的时间上追求快速换型是无意义的行为。

换型时间：因从事制造不同产品的切换动作，而使机器或生产线减慢生产速率达到停止状态，再恢复到之前正常生产速率的总时间，即完成前一批次最后一个合格零件至完成下一批次第一个合格零件之间的间隔时间，如图3.36所示。

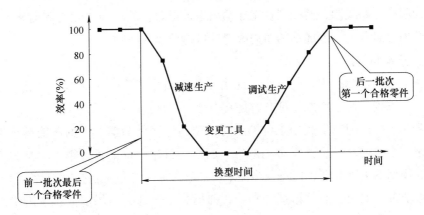

图3.36 形象化的换型时间

实现快速换型的目的是减少动作浪费、减少等待浪费、减少废料浪费、减少搬运浪费、减少库存浪费、减少仓储空间、标准化换型。

快速换型的原则是由操作员执行的换模时间追求0s切换，聚焦于减少切换时间的减少，从而确保平稳的制程输出。

实施快速换型的步骤如下。

1）测量换型时间。

2）区分内部要素和外部要素，内部要素——机器必须停止运行；外部要素——机器可以继续运行。

3）将内部作业转移到外部作业。

4）减少内部作业。

5）减少外部作业。

6）标准化换型流程并严格执行。

实际运作中，画出换型的所有路线图，记录每个步骤、路线的时间，以录像分析来甄别增值和非增值时间，做出的改善优先是不花成本的减少距离、改进作业手段、平行准备工作、内外部时间的优化切换等，在以上手段全部用尽的情况下，再考虑投资工装夹具。

快速换型通常会产生可观的效益。可以通过增加增值时间来提高生产过程的效率，有时可以推迟甚至取消为了增加产能而进行的硬件投资。

切换不仅仅用于设备。工作单元、流水线、手动装配线也可以从一个型号切换到另外一个型号。

仅仅是重新规划一下路线，就可以实现辅助时间的大量减少，如图 3.37 所示。绘制换型路线图，路线图在工业领域里被形象化的称为"意大利面条"。从路线图中可以看出，低成本的布局改善即可提升增值时间。

3. 产能与排产

在工艺国家标准中，规定了工时由工艺人员来负责，工时鉴定清楚后，会延伸出一系列事情，产能与排产就是其中之一。

产能与排产即基于瓶颈工位的工时，精确计算出当前工厂的产能是否可以满足下一个月的需求；基于市场部给出的滚动订单，提前预计第二年是否需要投资长周期的大型装备，以避免当需求突然暴增时，工厂无法按时交货。

该业务一般由企业的市场部负责，前提是工艺部为市场部提供了准确的工时，也有企业直接交给工艺部负责。

若市场部给出的未来年度的滚动需求不准确，也只能输出不准确的结论，可能会导致需求暴增时无法交货或者虚假投资。

4. 全员生产性维护

本书中的全员生产性维护仅指狭义的设备维护。

第3章 优化类工艺能力

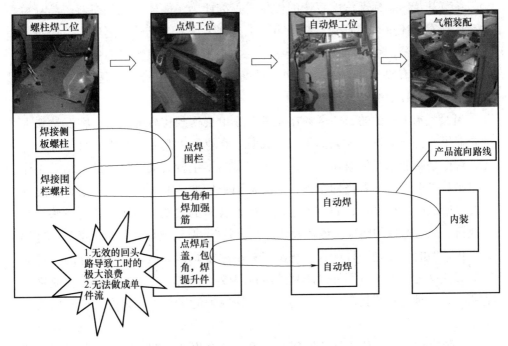

图 3.37 低成本的布局改善即可提升快速换型效率

GB/T 24737.9—2012 有对工艺装备的说明,即生产过程中使用的设备、工艺装备应保持既定精度和良好的工作状态,满足工艺技术要求。

再翻阅工艺装备设计的 GB/T 24736.1—2009、GB/T 24736.2—2009、GB/T 24736.3—2009、GB/T 24736.4—2009,均未提及工艺装备由工艺部来进行维护保养。

基于以上情况,工艺部不应负责设备维护,而应由专门的设备部对设备进行维护保养。在先进企业里都是这种方式。我国有些企业把设备维护归于工艺部管辖,这其实不符合工业常识,理由如下。

1) 生产部门在使用设备期间,若设备不良,第一时间通知工艺部来维修,工艺部就等于设备部。

2) 工艺部在新装备设计并验收完成后,要转交给生产部负责,这是企业跨部门运作的基本常识,总不能名义上转交给了生产部,实际上还是工艺部在负责,这样不匹配产品开发过程中的定位。

3) 设备若归工艺部管辖,设备折旧就要算到工艺部,而工艺部是不产生直接价值的部门,设备折旧算到生产部才是合理的,因为生产部是产生直接价值的部门。

本节基于国家标准深度解读的优化类工艺能力，阐述了工艺在新产品释放量产后确实责任重大，直到产品退市，工艺都要全身心陪伴，定位于生产技术的源头恰如其分，在这个优化工程中，工艺永不停步，只要产品在生产，工艺就要时刻想着有没有更好的办法来促进高效、高质量生产，这是工艺的基因，深深地刻入了日常的工作当中。

当然，永不停歇的工艺事务在先进企业里会得到较好的执行，在泯然众人的企业里，可能会打了大幅的折扣。有时，企业的工艺人员会担心自己被边缘化，理由是新品已经释放量产了，工艺人员一下子就失去了努力的方向，工作量呈指数级下降。笔者当即指出，请参考国家标准，不能仅仅把自己定位成一个配套研发的二级部门，而应该定位成生产技术的权威，达成工艺定方法、生产执行、质量监督的闭环，该环就如"风火轮"，驱动提质、降本、增效。这和数字化转型的目标是一样的，优化类工艺浓墨重彩地开展好，对目标的实现立竿见影。反之，若开展不好，产品的质量、效率、成本会永远定格在释放量产的那一刻，对企业盈利产生巨大的迟滞，该缺失的优化类工艺是企业发展的一个瓶颈。

在数字化时代，从产品开发到产品退市的全生命周期，只有工艺深度陪伴了全过程，所以工艺人员的知识沉淀对于数字化转型的成功至关重要。优化类工艺尤其在数字化转型期间易被各大实施商忽略，带偏了数字化转型的方向。

因此，本章仔细阐述的优化类工艺表明，数字化转型期间，优化类的数字化手段必不可少，不能让缺失的优化类工艺成为发展的瓶颈，希望广大企业谨记。

第4章 解决产品问题的能力

在研读了前面三章后，将会建立起自身的产品类工艺能力和优化类工艺能力，这些工艺能力最终要体现在高效交付了高质量的产品，这是不变的目标。

在实际运作中，不会因为目标不变，而自动让企业一帆风顺，恰恰在各方面似乎都已经做到位的情况下，质量问题还是会时不时地冒出来，企业可以有理想，即实现预防胜于治疗，所有人都把精力扑到预防上，后面自然就没有问题。可是实际的情况是不可能杜绝质量问题的，企业就是这样，每个人都有认知偏差，认为自己已经做到位了，但是偏偏是各人都偏差一点点，问题就累积到爆发。

除非是全无人工厂，一切都可控，只要是有人的工厂，就会存在因人的各种偏差导致的质量问题。因此，有产品质量问题并不可怕，这是常态化的现象，重要的是要找到质量问题的真因，才是硬核能力。

GB/T 24737.1—2012中规定工艺人员要负责产品质量问题的解决，具体说明如下。

1) 工艺管理的基本任务是结合企业的实际情况，应用现代管理科学理论和信息化技术，对各项工艺工作进行规划、计划、组织和控制，使之按一定的原则、程序和方法协调有效地进行，以保证产品质量、提高生产率、降低环境影响，实现经济效益和社会效益协调发展。

2) 工艺技术研究与创新主要包括：工艺发展规划中的研究开发项目；生产工艺准备中新技术、新工艺、新材料、新装备的试验研究；为解决现场生产中重大产品质量问题或有关技术问题而需要进行的攻关性试验研究；对引进项目进行验证性试验研究。

根据上述两点提及的解决产品质量问题，可以知道解决产品质量问题的能力是工艺必备的能力，而且还是高阶能力。

4.1 分析工程问题的办法

写本节时，笔者就如武侠小说中武术大师张三丰教张无忌太极的招式一样，忘记市面上各种所谓的方法论，纯粹凭基本的工业逻辑常识来分析一个产品质量问题。笔者曾经长期从事研发、工艺、精益事务，期间经常性地分析产品质量问题，每次分析完并得出真因时，领导很开心，但是自己总是不自信，因为分析问题的思路和报告的形式非常土，没有市面上宣传的各类方法论。

有一次，领导对笔者说，某个问题分析得非常好，企业高层非常满意，要把这个案例作为参赛作品去评选，要重新整理一下报告，不要那么土，要看起来"高大上"，笔者对此十分困惑。在整理"高大上"报告期间，要去补各种各样的资料，有些问题由于没有拍照，找不到问题前后对比，很是伤脑筋，这费时费力的程度远比解决一个产品质量问题难多了。笔者时常在想，分析制造业问题，难道一定要把报告包装得纷繁复杂吗？让人一目了然地知晓问题的真因难道不好吗？抓住最实在的核心，才是解决产品问题的正道，摒弃花架子，不在无用的招式上浪费哪怕一秒钟时间。

作者倒是喜欢用朴素的思路来解决产品质量问题，践行大道至简，甚至分析报告都只是寥寥几句就切中要点，然而在喜欢"高大上"的企业里，该思路行不通。

有些富裕的企业，经常迷信外面的精益六西格玛教练，喜欢一上来就搞个大的项目，让精益老师带着企业学员做专门的精益六西格玛项目。花费了大量的资金来培训精益制造、六西格玛、现场管理等，每次外聘老师来后，企业从上到下都搞得轰轰烈烈，好像只要这些老师在，就抓住了救命稻草一样，可以一劳永逸地解决现有的问题了，但是通常的情况是在这一阵风的运动过后，留下了一地鸡毛，该怎么样还是怎么样，和老师来之前没有差别，甚至更差，于是企业的高层感叹外聘老师也不过如此，花了大价钱却没有投资回报。

在长期的工作中，笔者也经常接受外聘老师的培训，平心而论，外聘老师讲得非常有道理，深入浅出地阐述了各种方法论，如方差回归、概率统计、制程能力指数、PFMEA等，确实非常好。可是问题来了，为什么外聘老师讲得这么好，最后却一地鸡毛呢？观察调研了多家企业，问题的根源如下。

1）误把外聘老师当作企业解决真实问题的神人，外聘老师不可能在几天的培训和做项目阶段了解企业真正的问题，依靠外聘老师来解决问题，只能给出浮于表面的对策，因此企业要正确认识外聘老师的作用在于给企业解决原理的缺失，企业内部要有内训老师，内训老师是基于外聘老师的原理来真正"接地气"地帮助制造工厂解决真实的问题，内训老师和外聘老师的分工要明确，企业需要真正打造基于企业愿景的内训老师团队，99%的情况下请内训老师来提升企业素养，不要寄希望于外聘老师如一阵风般的运动。

2）数据的不真实，广大制造企业对基础制造数据不够重视，导致在真正需要数据运算时，只能修改数据做报告，笔者也曾经历过无奈地修改数据以求报告漂亮，仅仅是为了给外聘老师的六西格玛项目报告交差，为了使数据符合逻辑关系，还绞尽脑汁不露出破绽，最后确实交出了漂亮的PPT报告，也顺利地通过了项目评审，领导也满意地点头，可是外聘老师走后，问题照旧，内心真的是极其挣扎，工作是形而上学的，只是为了领导满意、外聘老师满意，而没有真正地解决问题。

无论做何事，无论在解决什么问题，都要基于真实的数据来谈论下一步的行动。毛主席说过"没有调查，没有发言权"，这句话很有道理，永远是解决问题的原则，笔者经历过的大型世界先进企业都在务虚做假报告，更别提国内中小企业的状况了。当前，外企中部分六西格玛做得好的企业出现经营不善，而我国企业台积电从来不做六西格玛，却蒸蒸日上，这也是一个奇怪的现象，个人认为六西格玛在国内被神化了，貌似什么事情都要用六西格玛来包装下才显得"高大上"，没有这个包装就是不规范。笔者要强调的是，制造业基础数据不要有华丽的包装，要有实实在在的真实硬核干货，这才是企业卓越制造发展的根基。

接下来，还是要列出先进企业的一些分析工程问题的理念，用于思考真正的分析工程问题到底要不要用这些理念或者部分使用这些理念，如下为逐个解释。

1）复现问题：当一台复杂产品偶尔出现了一次异常，接下来该异常又消失了，同样的异常在大量生产的其他同类产品中并未出现，工艺人员有两种做法，一是努力复现该问题，二是证明该问题是一个偶然现象。

复现该问题，采用分析逻辑树办法反复确认，在4.3节会以案例来详述。

当穷尽所有的方法都不能复现该问题时，需要对本异常进行单一问题认定，要遵循单一问题认定程序。

2) 列出来：工艺人员经常会被其他部门情绪化地抱怨工艺负责的零部件不好，可以回复对方"你说不好，请你列出来哪里不好"。

3) 符合 SMART 原则：当怀疑某个零件异常，要找到可以用于比对的规范，如图样、签样等；描述一个异常，行就是行，不行就是不行，不要出现"可能""或许""应该""觉得不好""感觉卡滞"，要用数据来说话，有时候人的感觉会出错，就如不同的人看同一个颜色，有人觉得深，有人觉得浅，此时用色差仪一测，颜色是一致分布的；对该异常提出的解决方案是可以达成的，不是天方夜谭，不能说要解决这个质量问题，工厂必须购买一台价值几百万元的测试设备；相关联的意思是给出的解决对策和该异常强关联，不能是风马牛不相及的对策，如要解决屋顶漏水的问题，对策是找到屋顶的漏水点并堵漏，而不是要求不要下雨，不能有不下雨就不会漏雨的想法；有时间限定的意思是该异常的解决要在可控的时间内解决，即使难以找到真因，也有短期对策以保证可以正常生产，长期对策要在可控的时间内给出，而不是一有异常，全工厂都放假，等异常解决了再回来开线。

4) 之前为什么没出问题：询问当前的异常在之前有没有出现过，当前的制造参数和之前的制造参数是否一致，要找出当前和之前的差异，并对该差异进行怀疑，进而验证该差异是否是本次异常的真因，把该差异去除后，是不是就不再出现异常。

5) 找签样：针对复杂产品，建议企业每个季度留一台稳定生产期间的样品，放置于样品室，一旦产生异常，针对被怀疑的部分，可以到样品室找出对应的部分进行比较，找出差异。

6) 4M1E：基于第一性原理的子目录列举法拆分一个异常，其实并不一定是人机料法环维度，这种拆分是比较牵强的，难道除了人机料法环维度，就没有其他维度了？显然还有其他维度，如大国博弈等生产之外的维度。工程师分析一个问题时，要活学活用，不要教条主义，记住第一性原理的拆分原则即子目录互相不隶属，子目录加起来穷尽所有，以这种方式来列出分析维度。关于拆分方式的详述，可以参考笔者的其他图书⊖。

大部分问题的分析，很显然不包含环境因素，有时候为了包装一个问题报告，非要加上环境因素，其实没有必要画蛇添足。

7) 4W1H：该描述方式就如人们受过的语文教育，时间、地点、人物。分

⊖ 其他图书指《工业数字化本质：数字化平台下的业务实践》，机械工业出版社，2024；《变革的力量：制造业数字化转型实战》，中国铁道出版社，2023。

析该问题时，工艺人员通常关心的是发生了什么、该异常如何呈现，谁发现的可能也有用，因为有可能是该员工操作不当导致了问题。至于什么时候、在哪里等信息，对工艺人员有轻微作用，更多的是用于质量部识别哪些序列产品要暂时扣留，不能出货，待找到真因后才能决定是否放行。

8）退一步：当无法达成图样要求时，找到折中的办法是工艺人员能力的体现，而不是死磕理论上达成，要坚持非常宝贵的工程思维，4.2节会详述退一步的好处，退一步真的会海阔天空。

9）5WHY：就是我国的古语"打破砂锅问到底"，通常情况下，问到第三个为什么，说谎者会回答不下去，如果能回答到第五个为什么，即使对方在说谎，我也认为是真的。5WHY不仅能问出真因，还能打击诡辩主义，举如下一个生活中有意思的场景。

有一次笔者女儿考试成绩不理想，于是就用5WHY的方式来分析为什么没有考好，对话如下。

"这个数学题目为什么做错了？"

"眼睛没有看准题目。"

"为什么眼睛没有看准题目？"

"因为手上的直尺没有划准题目。"

"为什么手上的直尺没有划准题目？"

"因为这个直尺时间长了刻度线模糊了。"

"那我得出结论你这个数学题目做错了的本质是因为直尺刻度线模糊导致的，我们的对策是给你买一把新的直尺是不是就可以解决该问题了？"我问向女儿。

女儿憋了好久，扑哧一下地笑出了鼻涕泡，自己都觉得是诡辩主义，自身的问题非要找客观问题来背锅，典型的自由主义对自己、马列主义对别人。

10）PDCA：在解决产品质量问题过程中，通过理论推演，找到可能出问题的零件，这是假设，处于计划（Plan）阶段；有了假设，就要验证是否不是该零件出了问题，处于执行（Do）阶段；执行完成后要检查执行的结果，处于检查（Check）阶段；若经检查不是该零件导致的异常，就调整方向，处于纠正（Action）阶段；纠正完成后，进入下一个循环。

11）柏拉图：基于8/2原则，找到单个或累计达到80%以上的问题因素，给予重点关注，以确保抓住问题的主要方面。抓重点，而不是全面出击、眉毛胡子一把抓，这和14）的条件交叉验证是一个道理，条件交叉验证已经缩小到聚焦于某个零件上，柏拉图又在该零件层面再分解一层，找到导致该零件异常的主要因素。

12) 8D：解决问题的 8 个维度，即问题描述和分析、团队成员、围堵动作、根本原因定义、长期纠正措施、纠正措施验证、再发防止、恭贺小组。在笔者看来，8D 报告就是一个对根本原因的包装（见图 4.1），当阅读了 4.2 节、4.3 节就会知道所言非虚，把根本原因找出来，想要怎么包装都可以，企业不能把简单的问题都用 8D 来包装，要包装也要包装重要问题，把精力花费在微小问题上，是本末倒置的做法，精力要用在刀刃上。

企业名称		8D报告编码		版本		日期	
此8D报告适用于：□系统　　□产品　　□制程							
类型：□国内的　国外的：□客户　□厂商							
一般信息							
客户							
制程							
日期							
纂写者							
1D)问题描述和分析							
何事							
何方式							
何时							
何地							
数量							
2D)团队成员							
姓名		职位				任务	
3D)围堵动作							
围堵动作		日期				负责人	
4D)根本原因定义							
问题分析							
根本原因							
根本原因确认							
5D)长期纠正措施							
行动计划		日期				负责人	
6D)纠正措施验证							
验证		日期				负责人	
7D)再发防止							
动作计划		文件		日期		负责人	
8D)恭贺小组							
位置							
日期							
参加者							

图 4.1　8D 报告模板

13）统计学管控：正态分布图、标准偏差、SPC 管控等，这些是六西格玛统计学中的概念，对研究大批量情况下出现的问题有效果，但是如果企业是单件小批量生产的组织形式，其实并不适用，一般来讲，在分析真因的过程中，用得并不多。标准偏差有时候会用到，用于在没有规范时，基于实际测量数据来定义规范。

14）条件交叉验证：针对复杂装配的产品，不能一出现异常就把所有零件拆下来检查一遍，真要全检，质量部一定会痛恨工艺部，笔者作为工艺专家，曾经严厉反驳过一位想要这么做的研发人员，叱责该研发人员不负责任，把质量人员往死路上逼，对方竟然哭了。正确的做法是互换模块，把怀疑可能出问题的 A 零件装配到其他好的产品上面，看问题是否重现，若重现，那证明是 A 零件出问题，若不重现，那排除该零件，把好产品上的配合件 B 换到该出问题的产品上，逻辑非常复杂，目的是缩小排查范围，而不是大海捞针地全面排查。4.3 节会以案例详述。

15）防呆、自动化：找到重大产品质量问题的真因后，不能靠宣导或目视检查来规避再次发生，应使用防呆或自动化手段来实现再发防止，逻辑关系如同问题解决之后，相匹配的作业指导书和制程失效模式分析里都保持一致地更新，作业指导书展示了防呆或自动化手段，基于防呆或自动化手段，该步骤的制程失效模式分析的 RPN 值已经调低到控制值以下。

16）B to B，D to D，E to E：即运用追本溯源、追求细节、追求卓越等理念和手段来解决重大问题。追本溯源非常重要，可以追查到以前的状态，所以签样和样品承认非常重要；追求细节的理念即"魔鬼都存在于细节中"，要求分析问题的工艺人员拿着放大镜查看异常，放大看，经常会有意想不到的发现；追求卓越的理念在工程问题分析中，体现在该问题解决后，要如何防止再次发生；如果其他生产线有类似问题，要告知其他生产线负责人；有没有流程和体系上的缺失导致了该异常，如果有，要更新流程和体系。

为更好理解以上工程问题的分析办法，笔者特绘制了一个图形化原则，工艺人员要记住这常用的原则，如图 4.2 所示。

本节介绍了分析产品质量问题常用的技术思路，大部分的产品质量问题不会用到所有的思路，用少量几个即可；部分技术思路还互相嵌套，没有严格的区分，这些市场上广泛传播的、来自世界先进企业的理念没有一个统一的组织来负责统一步调，而是各自为政，哪家企业强大、会宣传，就在市场广泛推广来自该企业的理念。

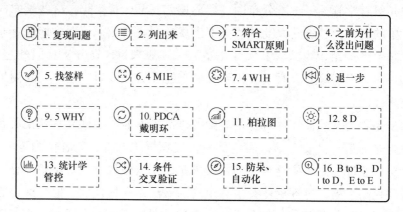

图 4.2 分析产品问题常用的办法

不管怎样，这些办法通常很实用，接下来会以两个案例来说透产品问题朴素的分析思路，充分展示用到了哪些分析问题理念。

4.2 案例1——退一步的工程问题解决办法

1. 问题背景

此处用到的问题分析办法是：4W1H。

某美国客户年度的塑料结晶度分析中，多年来都提及同一个塑料零件的结晶度达不到目标值，多次抱怨后，仍多次重现，客户已经忍无可忍，直接把该反复出现的问题投诉到了工厂总经理办公室。

2. 问题的技术原理

此处用到的问题分析办法符合SMART原则中的S，即要找规范。

塑料材料分为结晶性塑料和非结晶性塑料，这是在化工行业里的技术分类，可以形象地理解为人体肌肉纤维都是有方向性的，塑料材料的结晶性就如肌肉纤维，把高分子链按规定的方向排列，对外展示出某个方向的受力比较强，就如人体的小腿肌肉纤维都是垂直于地面方向的，故可以撑起人体的重量。

如果塑料材料的分子链方向不是各向同性而是各向异性，即方向是杂乱无章的，对外展示出来的状态是该塑料件一掰就裂，甚至一捏就碎，强度达不到要求，导致产品功能失效。

问题就是结晶性不好导致产品功能失效，如何来衡量这个结晶性好不好呢？有没有标准？此时又用到了SMART原则里的M，即可量化的，一般来讲，基于塑料成型的实践统计，结晶性好不好，用结晶度来衡量，这个百分数的行业规范是结晶度≥85%，才能满足塑料材料标样规定的强度。形象化比喻是，假如小腿有100根肌肉纤维，其中要有85根肌肉纤维的方向是垂直于地面的，允许其他15根的方向杂乱无章。

结晶性塑料要达成分子链按照同一个方向排列，办法就是满足塑料材料规定所需要的模具温度，模具温度高，分子链就朝一个方向排队；温度低，热运动不足，就无动力排成一个方向，形象化展示如图4.3所示。

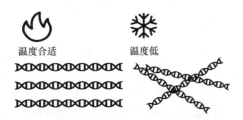

图4.3 合适的成型温度保证分子链方向一致

结晶性塑料的另一个特性就如机械加工材料可以回火，即把已经完成模具成型的结晶度不达标的塑料零件放入烘箱里按设定的温度烘烤，结晶度会上升，该烘烤温度的设定通常是塑料粒子热变形温度下10℃，例如该塑料在120℃的时候就会软化（可以想象成冰激凌在太阳下晒后要融化），为了保证零件不变形，要设定110℃的烘烤温度。

测量结晶度使用的方法是差示扫描量热（DSC），使样品处于程序控制的温度下，观察样品吸收、释放热量随温度或时间的函数，根据热效应（吸热/放热/比热变化）推断材料相关的物理结构/化学变化，如熔融、结晶、玻璃化转变、相变、液晶转变、固化、氧化、分解等，并可测量比热、计算结晶度、探讨氧化稳定性、研究高分子材料共混性能、进行纯度的计算等。结晶度就是一个子项，根据趋势图可以计算出结晶度，如图4.4所示。

3. 根源分析

进行根源分析时有如下几个问题要问。

1）为什么该零件会结晶度不合格？

2）即使结晶度不合格，导致的后果是什么？

3）为什么多年来被投诉结晶度不合格，客户却没有进行世界范围内的召回？

4）之前几次的投诉是怎么处理的？是如何挽救的？

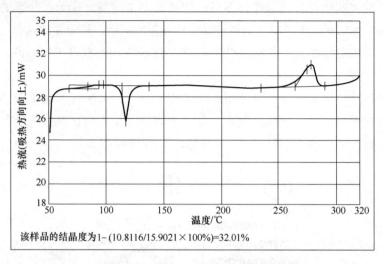

图 4.4 根据热量吸收和释放计算出结晶度数值示意图

5）该结晶度不良，是产品功能异常的核心因素吗？

采用 B to B（追本溯源）理念，进行相应的调查，根据塑料材料当前的物性资料，查得该材料的模具成型温度需要在 100~120℃，根据该规范，工艺人员赶赴厂家处，当场查看该模具的温度是否可以达到设定的温度，详细步骤如下。

1）查看前几批次交货的零件成型温度，均为 71℃ 的模温。

2）在 71℃ 的模温下做出的零件确实是一捏就碎，肯定是结晶度不合格，不证自明，连结晶度都不必测试。

3）尝试把模具温度升高到 110℃，厂商反馈要把模具加温水路改成加温油路，否则会出现水路爆裂，因为 71℃ 小于水的沸点，而油温是可以大于 100℃ 的。于是在现场紧急把模具的加温系统升级成油温系统，把模具的温度经过油路加温到 110℃，经测量确实达到了 110℃（见图 4.5）。

4）以 110℃ 模温进行零件生产，期望可以做出结晶度合格的零件，但是意想不到的事情发生了，零件粘在了模具型腔中无法取出，如图 4.6 所示。至此，把模具温度升高的改进方法只能判定为无效。

5）继续在现场分析为何会粘模，导致无法取出成型后的零件，发现模具加温管路只有两路管路，如图 4.7 所示。

通较低的 71℃ 水温时，该温度和环境温度差异不多，可以保证模具温度是均衡分布的。而当在两路管路的情况下，加热油温达到 110℃ 时，模具和环境温度差异极大，导致了极大的模具温度不平衡，型芯温度太高，导致塑料零件在模具打开时，温度还没有降下来，粘在了模具上，等温度降下来后，却由于热胀冷缩原理，零件牢牢地卡在型芯里，强行用顶出机构顶出，会使零件开裂（见图 4.8）。

图 4.5　改善模具温度至 110℃

图 4.6　模具温度升高导致零件粘模

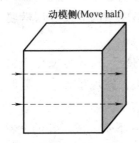

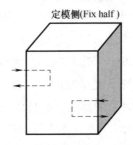

图 4.7　设计管路和实际管路保持一致地只有两路

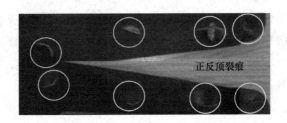

图 4.8　强行顶出导致零件开裂报废

至此，去供应商现场改进宣告失败，只好如实地反馈给了工厂总经理和客户，实事求是非常重要。

静下心来再深度思考一层，践行 D to D（追求细节）的理念，思考如下问题。

1）为什么长期以来都是两条加温管路？明显不符合模具设计的常识。

2）为什么一直以来都是通偏低的水温？难道该零件有老版本图样，且老版本图样上规定的材料只需要低温成型？

使用这种符合逻辑的反问为什么的方式进行假设，怀疑有老版本零件，于是去求证，根据该零件的料号，在图样管理系统里找到了该零件的老版本图样，该图样上显示是另一种塑料原材料，该材料对应的模具成型温度是71~149℃，当前版本的图样是另一种塑料原材料，对应的模具成型温度是前述的100~120℃。

找到这里，之前在厂家处遇到的所有问题就都有了合理的解释，厂家在开制模具时，考虑到成本问题，会选择100℃以下的模温，用热水通过水路管加热模具，且水路管还少，成本是低的。这解释了厂家为什么在成型参数表里设定的温度是71℃，因为要符合材料的成型温度要求。

可以得出初步结论，即厂家开模时，基于低温材料，开制了用水加温且水路还少的低成本模具，这是符合规范的，厂家并没有错，多年过去后，客户把该零件更换成了高温材料，但是工厂并没有通知厂家要根据高温材料重新开模具或修改模具，达成在高温下模具正常成型的要求，奇怪的是，材料却用上了新版本图样上规定的材料，导致了适合低温成型的老模具用需要高温成型的新材料来生产零件，出问题是必然的。

分析到这里，不禁要问，这种对不上的事，到底是怎么产生的呢？于是该工艺工程师花费了大量时间一步步追查下去，发现系统上有漏洞，问题的背后果然是流程和体系的缺失，具体情况如下。

1）在某个时间点，该零件对应的材料一下子换成了新的材料，该时间点是新产品开发期间，为了赶研发进度，流程上有缺失，客户也在样品上签了字。至于一下子换成了新材料的手续，因年代久远而无法查到。

2）新产品释放量产时，样品承认报告里的图样没有更新成新版本图样，导致一直以老版本样品承认报告里的零件控制计划来做入料检验，该零件在入料检验要求里只要检验尺寸即可，巧的是该零件虽然结晶度不合格，但是尺寸却是合格的，故该零件就堂而皇之地流到了生产线上。

3）最重要的是，多年前，客户是不测试结晶度的，故也没人知晓该零件的结晶度不合格。在最近几年，客户才刚开始推行结晶度测试，以保证产品质量可靠。

至此，该问题的来龙去脉已经梳理清楚，接下来要进入下一个环节。

4. 退一步分析

从以上分析，可以回答一开始的问题，即为什么客户已经知晓该零件的结

第4章 解决产品问题的能力

晶度不合格,却仍然不全球召回,也不对工厂进行罚款,这不符合常理。若要召回,作为代工厂的全体人员会努力找出当时的不合规处,摊在台面上讲,客户也是有问题的,而且客户的问题是主要方面,因为客户也已经签样,这新加出来的结晶度测试并没有体现在商务合同里,真要算召回费用,估计客户不得不承担其中的大部分。

回到技术层面,作为代工厂,是要承认确实是零件有问题,自己并非是"出淤泥而不染"的。代工厂不能要求客户不测结晶度,想要达到不测就没有问题的结果,是逃避问题的表现。

问题一定要解决,只是,有没有大家各退一步的折中办法呢?该工艺工程师进行了仔细分析,步骤如下。

1)如果要把模具温度升高到匹配新材料的温度,就只能重新开模具,新开一套模具的费用是40万元,这个费用要算给客户,客户要承担大部分。

2)根据该零件的物性,可以回火,该工艺工程师把零件放入工厂的高温锡炉里烘烤一段时间后,果然结晶度大于85%。但是这不能当作常规的手段。

3)回答一开始的问题,该结晶度不良造成了什么后果呢?其实并不造成产品功能丧失,产品还照常在稳定运行,仔细查看后发现,该零件安装的位置正巧位于产品高温部位,即使一开始装上去的零件结晶度不良,在长期的高温烘烤下,结晶度一定会最终合格,该工艺工程师专门从一台用了多年的老机器上拆下来同样采用新材料的零件(用了类似找签样的分析思路),结晶度测试下来是合格的,印证了该推论。

4)基于以上分析,该零件的关键要点是只要能够装配到产品上即可,不能发生由于结晶度更低的情况下,在把该零件装配到整机上时零件都会碎裂,这就丧失了产品功能。

5)如何确保装配时零件不会碎裂,就需要找出该零件在装配时的卡扣受力规范,只要该零件在入料检验时的受力测试值在规范之内,就认为是合格的,不会在装配时出现断裂问题。

至此,找到受力点及受力的规范是解决问题的钥匙,此时,可以用到"统计学管控"这个问题分析思路,选取可以正常装配的一定数量零件,进行破坏性测试,即使该零件受力直至断裂,记录断裂之前的最高耐受值,找出标准偏差,再结合平均耐受值,找到零件可以承受而不至于被破坏的力。

确定受力值后,为该零件编制特殊管控零件每日点检表,如图4.9所示。

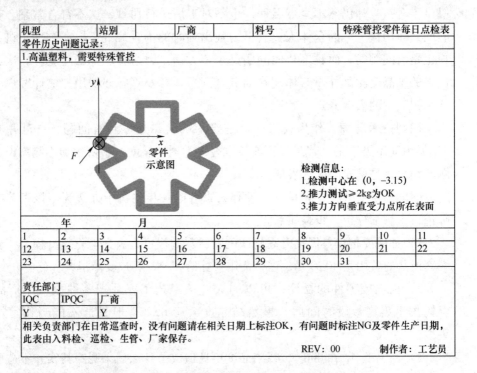

图4.9 用退一步思维建立折中的点检表

该工艺工程师整理了一个全面的报告，提交给了工厂总经理和客户，各方充分评估后，意识到仅仅追求该零件纯粹的结晶度合格，对提升质量并无直接的促进作用，反而要花费大量的投入，于是接受了该折中的方案，从表面上看起来就是结晶度不良这个质量问题，但是从企业的最终目标盈利来看，这个都不能算作质量问题。

本节通过退一步的工程问题分析办法，兼顾了理论、实践、经济性三方面，真正地体现了工程师思维，如果不据理力争地表示客户也是有问题的，工厂可能要承担全球召回的费用，工艺工程师的分析报告切实地维护了企业利益，也照顾了客户的诉求，两方都退了一步，工厂没有因为把问题推给客户后而"躺平"，客户也得到了后续的变通测试保证，达成了双赢。

在本节的分析报告里已经采用了各类分析理念，未提及的理念可能还有更多，读者可以基于朴素的逻辑关系自行判别。分析一个产品问题时，要谨记无须"高大上"的各类包装，真要包装，环环相扣的本案例（质量部人员若不懂产品，很难有此高水平的分析）是一个真正的六西格玛项目，可是又何必去包装呢？制造业，就是需要大道至简。

4.3 案例2——一开始设定逻辑树的工程问题解决办法

1. 技术原理描述

某复杂装配的开关产品上有两个模块,一个是电动机驱动模块,另一个是分合闸操作机构,用于电路切断和接通。

用手动操作开关进行分合闸储能力的积蓄,非常耗力,还不能远程控制,故开发了电动操作模块,一旦通电,电动机上的棘爪会转动,动力会传递到分合闸操作机构的棘轮上,棘轮转动时,会积蓄分合闸储能力,释放储能力,就可以实现分合闸,用于切断和接通电路(见图4.10)。只有精通产品的工艺人员才能在工厂现场准确描述出产品的技术原理,这也是质量问题要由工艺人员分析的理由之一。

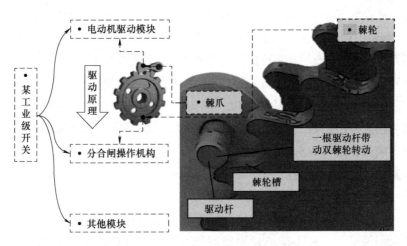

图4.10 电动分合闸的技术原理

2. 问题描述

图4.10里的棘爪上的驱动杆准确地进入棘轮槽里,两者啮合才可以带动棘轮转动,发生的问题是驱动杆经常会倾斜,卡不到棘轮槽里,导致即使电动机通电后,棘爪由电动机带动而一直在转动,这种转动却是不进入棘轮槽里的转动,是空转。

这是典型的产品功能失效,电动机无法驱动分合闸操作机构储能。电动机驱动模块和分合闸操作机构之间的配合失效,该问题简称"电动机空转"。

3. 初期分析思路的争论

一开始，该问题由研发人员负责处理，因为该新产品才刚刚释放量产，研发人员有责任去找出真因，该研发人员采取了粗暴的方法，要求质量部把这两个模块上所有零件都测量一遍，看哪个尺寸不合格，就把那个尺寸改到位，若全部尺寸都做到位了，电动机还是无法驱动分合闸操作机构，用排除法就知道是设计错了，改设计即可。

可是，从这个研发思路演绎下去，会发现以下问题。

1）这两个模块拆解下来，共有约 380 个大大小小的零件，每个零件的设计又极其复杂，尺寸标注非常多，而且几乎全是理论尺寸加几何公差这种标注方法，这简直是巨大的工作量，即使质量部全体员工共同测量，都要不眠不休地干半个月。在这期间，生产还要继续，要快速找出该问题的短期对策才是正道，而不是一开始就找永久对策，虽然通过该方法是可以找出永久对策，但是"劳民伤财"。这不是工程思维，而是理论思维，不能用理论思维来代替工程思维，解决现场问题要兼顾经济性、效率、可实现性，要符合解决工程问题的 SMART 原则。

2）解决工程问题，基本的假设是研发是对的，不能一开始就怀疑研发有问题，毕竟在释放量产前的研发阶段，该产品质量问题并未发生。刚释放量产，就突然发生这种严重的问题，一定是有哪个环节出了问题。

3）横向对比，该产品从美国工厂引进，并非 100% 原创，国内研发部只是做了符合国家标准的改进设计，简单来说，把原来符合美标但不符合国家标准的地方改成了符合国家标准，可以在中国市场正常销售，而美国的量产工厂里并没有发生无法电动分合闸的问题，所以因研发设计不良造成无法电动分合闸的可能性不大，这不是问题的主要方面。

这种大海捞针式的全面排查只会导致质量部增加无效工作量，把有限的质量资源全部浪费了，还不能迅速锁定问题。同时，负责该问题的工艺工程师当场斥责了这种不假思索的指示。

构成这两个模块的零件数量极其多，问题出在两个模块中的一个，不可能两个模块都出问题，这是基于基本的常识"真相只有一个"，所以，即使要全检零件，全检其中一个模块上的全体零件就可以把工作量减少一半，接下来的问题是，到底要全检哪一个模块呢，是电动机驱动模块还是分合闸操作机构呢？这是一个逻辑选择题，此时就要用到工程问题分析的手段——条件交叉验证，该工艺人员绘制了如图 4.11 所示的逻辑树，给该问题设定了基于假设的分析逻辑，是体系化的，也可以称为工程问题分析模型。

第4章 解决产品问题的能力

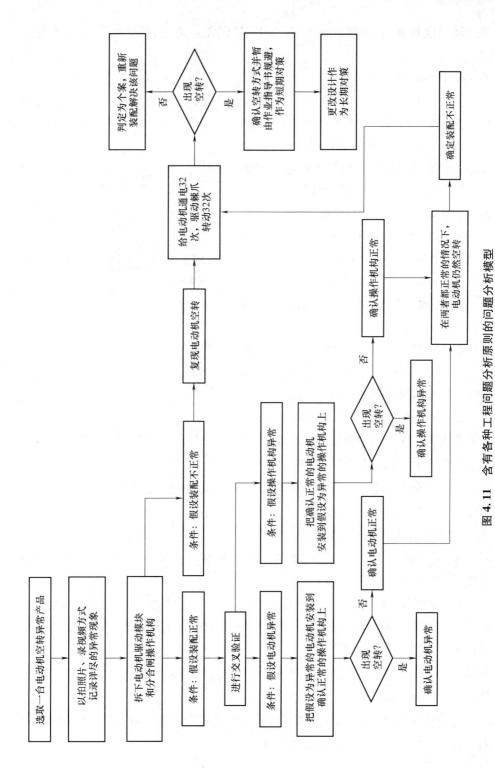

图 4.11 含有各种工程问题分析原则的问题分析模型

189

使用这种逻辑树时，要仔细思考基于约束条件的逻辑推导，要符合常识。

4. 根源分析

基于以上的分析模型，把范围锁定到电动机驱动模块上，这是做了多台异常分析后达成的结论。起码达成了即使要全检，也减少了一半工作量的效果。

践行 D to D（追求细节）的问题分析理念，仔细观察该假定为异常的电动机驱动模块，推测如图 4.12 所示的现象是导致棘爪和棘轮不能啮合的可能因素，这种被识别出来的因素是基于工程敏感性和技术素养而得出的。

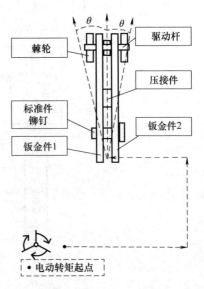

图 4.12　电动转矩传递路径

仔细观察后，发现如下问题。

1）按照理论上的装配关系，转矩从电动机传导到棘轮，注意图 4.12 所示是棘爪上的驱动杆要卡入双棘轮里面，但是观察到空转的棘爪倾斜在一边，有倾斜角 θ。基本不是在双棘轮里的中间位置居中。

2）不空转的棘爪同样也会倾斜，但是倾斜程度明显小于空转棘爪的倾斜程度。

基于以上捕捉到的细微差异，把范围再次缩小到这个棘爪上（D to D 理念），因为是运动部件，不稳定性比较大，而用于安装棘爪的其他零部件都固定结实，从不稳定性比较大的零件着手分析，是基于抓住主要矛盾的思维方式。

缩小范围后，接下来用到"找签样"的原则，发现如下异常并一步步深入分析。

1）该异常的棘爪组件和在质量部样品室里的样品构成是一致的，如图 4.13 所示，该棘爪由两块钣金件、一个驱动杆、压接件、标准件铆钉构成，该样品对应的零件尺寸检验报告合格，但是标准件在企业里是免检的，这是大部分企业通常的做法。标准件免检，似乎是一个小小的失误，而且按照常理，也不会因为标准件没检验而不允许释放量产。

2）在样品室里找签样还不够，还要对比进口产品上的棘爪是否也和该国产棘爪是一样的，发现并不一致，如图 4.14 所示。

第4章 解决产品问题的能力

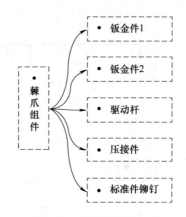

图 4.13 棘爪组件的构成

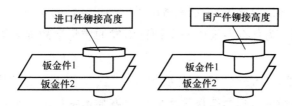

图 4.14 进口件和国产件有明显的铆接高度不一致

3）基于以上发现，打开该图样，发现图样上没有标注铆接后的高度，铆接高度被定义为无须标注的非重点尺寸，尺寸由铆钉本身来保证。

4）做试验验证是否该铆接高度的不一致导致了电动机空转问题，采用复现问题的工程分析理念，把国产件的铆钉在打磨机上磨削到和进口件一样高，再装回原来的产品上，发现棘爪和棘轮充分啮合，不再空转。

5）为了保障高效出货，立即把所有的国产铆钉高度磨削到和进口铆钉一样的高度，给出了短期的对策。

6）检查了美标标准件和国标标准件的尺寸，发现果然有差异，研发人员根据中美国家标准对照表，找到了美标标准件对应我国 GB/T 109—1986 中的铆钉，仔细分析两者的铆钉头高度，是不一样的，如图 4.15 所示。

7）研发试制阶段用了含美标铆钉的棘爪，因为试验室里的标准件太多了，不用掉也是报废，所以该问题没有在研发阶段发现，而小批量生产时，仍然没有认识到标准件的重要性，大家一致认为把手头的进口铆钉用完，也算是不要浪费公司财物。

至此，找到了问题的核心和短期的打磨对策（对应于工程问题分析理念 8D

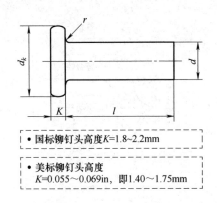

- 国标铆钉头高度 K=1.8~2.2mm
- 美标铆钉头高度 K=0.055~0.069in，即1.40~1.75mm

图 4.15　美标铆钉头高度明显比国标铆钉头高度低

里面的短期对策和根源分析），彻底解决了电动机空转的问题。

回顾本案例，为什么会发生一个铆钉引发的质量事故呢？笔者有如下总结或感慨。

1）防微杜渐，产品开发和制造要做到一是一、二是二，这边差一点，那边差一点，累积到最后，迟早会爆发大问题，就如本案例的一个铆钉导致了大量的制造质量损失。

2）如果不像剥洋葱一样层层剥开问题，就会检查所有零件，如果仅仅分析到电动机驱动模块，质量部还是会检查一半的零件，这仍然是巨大的工作量，是对企业的不负责，这不是一个合格工程师的修养。

3）再次证明任何一个问题的背后都是流程和体系的缺失，如果在一开始的研发阶段，就做了充分的国产化项目的设计失效模式分析，自然会对该运动部件进行重点关注，关注到可能的失效风险，并在设计上规避，找到国产铆钉的国家标准要求尺寸其实和美标是不一样的，下一步就要专门设计一个定制化铆钉而不能采用国标铆钉。

4）正如 2.3 节样品承认里说的那样，非重点尺寸未必就一定不重要，非关键尺寸与关键尺寸配合，进而对产品功能同样有影响。分析出来连图样上都未标注铆接高度的非重点尺寸对产品功能造成了重大的影响，典型地实践了 E to E（追求卓越）的工程问题分析理念。更加细化的分析专业性太强，不好写出来，本分析已经是简化版的了，目的是要读者牢记分析工程问题的理念。

4.2 节与本节产品问题分析的两个案例，充分展示了工艺人员在分析产品质量问题时必要的工程师素养和问题分析理念的运用。

为什么不只举一个案例呢，笔者是想要避免读者产生误解，以为分析问题就只用这一个套路，而是应意识到分析问题没有固定的套路，要活学活用，根据具体问题采取具体的理念，甚至有可能该理念还不在 4.1 节的清单里，重要的是符合工业逻辑常识或者生活逻辑常识即可，如本节里绘制的问题分析模型逻辑树，其实本来只想要践行条件交叉验证理念，而践行该理念就要设定一系列前提。

很多质量人员喜欢按规矩、按模板来分析工程质量问题，工程问题错综复杂，不能用模板框死了思维方向，分析问题要有体系化思维，模板一来，就少了很多灵活性，在这种情况下，反而丧失了独立思考的能力。以上两个环环相扣的案例，一般的质量人员很难分析得如此深度。

当分析问题只为追求一个看起来"高大上"的分析报告的包装，以上两个案例就可以包装成一个优秀六西格玛报告样式，或用本章 4.1 节的 8D 模板包装下，同样"高大上"。

如本章 4.1 节里说的我国企业台积电不做六西格玛，这就是世界先进企业里真正的工程问题分析思路，追求核心、朴素、有干货，这种真正的分析报告一般不好看，专注于做表面文章的人士不会喜欢该方式。

广大工艺人员要知晓这些套路，但是不要被套路绑架，市面上有很多机构把这些套路神化了，其实就是内卷，把简单的事情复杂化，很多套路的方向被带偏了，神化成一个概念，无法真正解决问题，如现在大量的机构把精益当作解决一切问题的万能钥匙，只要反驳一下，就会显出原形，即某精益老师年度汇报改善收益达到了 1000 万元，而客户工厂的当年利润都没有 1000 万元，这要怎么解释呢？

因此，无须被各类理念、套路绑架，深度思考、独立思考、不人云亦云，才能真正地有助于解决产品问题。

4.4 案例 3——高阶能力：工艺对产品全生命周期的调研

前述章节充分阐述了工艺的体系化，是研发和制造承上启下的桥梁，是制造的"保姆"，是质量的源头，是优化的生力军。长期的历练下，有想法的工艺人员必将构建起自身独特的端到端的工业逻辑，知晓任何一个业务从哪里来，要到哪里去，期间会发生什么异常及异常应该如何处理。

这些构建起来的能力，最直接的展示形式就是工艺人员有能力审核关乎产品层面的研发、工艺、生产、质量到底有没有做好，在审核期间不会被质疑其权威性。

在数字化时代，工艺人员将会发挥其独特的精通产品开发到制造全链条的优势，绘制出各部门业务的跨部门、跨阶段的数字化流转图，确保数字化转型不偏航，走正道。

以下内容是工艺人员的高阶能力案例，发现产品生命周期（匹配第1章的产品开发阶段分类）内的问题并给予解决的对策，企业可以参考该内容，鼓励内部的工艺人员建立起该能力，因为工艺人员本身已经有了一定的基础，不是从无到有地建立。

××单位产品研发、工艺、生产及质量管控架构
调研及改进建议[○]

为保证研发的产品能够顺利转产和推向市场，针对××单位产品研发、转产及销售的整个过程，与××单位研发、技术、生产、工艺和质量等部门进行了多次交流，根据××单位数字化管理流程、产品研发集成产品开发（Integrated Product Development，IPD）流程及工业能力手册，结合本次交流的情况，对各部门在产品生命周期各阶段需要做的核心工作提出从顶层架构到可执行层面的如下建议。

调研目录如下。

一、转产前（设计基本定型到试生产前）

二、转产期（大小批试生产）

三、交付节点（可批量生产节点）

四、维护期（常态化产品维护阶段）

五、优化期（持续改善阶段）

六、退市（产品生命周期结束工作）

七、总结

以下为各部分的核心工作叙述。

一、转产前

转产前属于研发设计基本定型但还没有进行生产线小批试生产的阶段。

1. 同步工程

研发输出文件给工艺、质量：设计失效模式分析（即预先评估设计会产生

○ 此调研报告纯属虚构，本书不对任何损益承担责任。——著者注

的不良后果分析）、组装关系图（即产品设计的装配顺序图）、关键质控清单、重要问题解决清单。研发需常态化邀请工艺、质量参与研发会议。

工艺接受研发文件：设计失效模式、组装关系图，参加常态化研发会议。

工艺输出文件给质量：制程失效模式分析（即预先评估生产会产生的不良后果分析）。

质量接受工艺、研发信息：制程失效模式分析、关键质控清单、重要问题解决清单，参加常态化研发会议。

质量输出文件：制程控制计划、关键质控要求、问题数据库。

现状：研发、工艺、质量均未执行。

改进：以××产品试行，编制工作计划书，其他产品后续开展编制。

2. 样机作业指导书

研发输出文件给工艺：样机作业指导书。

工艺接受研发样机作业指导书，输出可装配确认书及工时表。

现状：没有交付样机作业指导书，没有样机工时统计。

改进：以××产品试行，编制工作计划书，其他产品后续开展编制。

3. 零部件确认

研发输出文件给工艺：零部件确认书；零部件已确认清单。

工艺接受研发上述文件，向质量输出零部件确认书验收通过文件及零部件确认书归档。

质量接受工艺上述文件，输出零部件确认书管理清单。

现状：未进行零部件确认工作。

改进：以××产品试行，编制工作计划书，其他产品后续开展编制。

4. 封样（即研发在样品上签字并保存）

研发输出文件给工艺：样品清单，交付已经签字的实物样品。

工艺接受研发上述事项，生产现场确认后，向质量输出样品转交确认完好清单和已经签字的样品。

质量接受工艺上述事项，输出样品管理清单和样品库。

现状：没有样品管理流程。

改进：以××产品试行，编制工作计划书，其他产品后续开展编制。

5. 研发工装和设备

研发输出文件给工艺：研发工装&设备技术要求。

工艺接受研发上述文件，输出制作完成的研发工装和设备、研发工装和设备清单、研发工装和设备确认计划。

质量接受工艺研发工装和设备技术要求，输出研发工装和设备验证通过确认书。

现状：没有对研发工装和设备进行系统化确认并提供确认书。

改进：以××产品试行，编制工作计划书，其他产品后续开展编制。

6. 设计验证报告

研发输出文件给技术：型式试验报告、设计验证报告、成本分析报告。

技术接受研发设计验证报告，输出生产小批试生产申请。

现状：已执行。

二、转产期

转产期是负责产品大小批转量产试生产的阶段。

1. 负责小批转量产试生产

技术输出文件给采购、生产、工艺、质量：小批试生产申请。每周召开试生产会议；完成试生产问题清单收集及推动解决。

采购接受技术部小批试生产申请，输出外购物料采购单。

生产接受技术部小批试生产申请，输出试生产单排程。

工艺接受技术部小批试生产申请，输出过程确认计划。

质量接受技术部试生产问题清单，输出试生产问题数据库。

仓库接受技术部小批试生产申请，输出试生产物料隔离单、标记贴。

现状：无问题数据库的建立，未召开试生产会议。

改进：以××产品试行，编制工作计划书，其他产品后续开展编制。

2. 工时统计（即生产一件产品花费的时间）

工艺输出文件给生产：试生产工时。

生产接受工艺试生产工时，输出准确的计件制定额。

现状：不完善。

改进：以××产品试行，编制工作计划书，其他产品后续开展编制。

3. 量产工装

研发输出文件给工艺：产品功能控制技术要求。

工艺接受研发产品功能控制技术要求，输出量产工装（含测试工装）、工装认证文件。

质量接受工艺工装认证文件，输出工装确认合格文件。

生产接受工艺、质量关于量产工装的工装确认合格文件，输出工装可应用确认文件。

现状：现正在对现有工装进行补认证。

改进：以××产品试行，编制工作计划书，其他产品后续开展编制。

4. 量产作业指导书

研发输出文件给工艺：样品作业指导书。

工艺接受研发样品作业指导书，输出量产作业指导书。

生产接受工艺上述文件，输出量产作业指导书可应用确认书。

质量接受工艺量产作业指导书，输出质量控制计划。

现状：研发未提供样品作业指导书；从2019年10月开始已经推行新版本的作业指导书，质量和生产对于量产作业指导书的确认工作比较慢。

改进：以××产品试行，编制工作计划书，其他产品后续开展编制。

5. 生产线设计

市场输出文件给工艺：未来三年内每年的产量。

工艺接受市场上述文件，输出生产线设计方法论。

生产、质量接受工艺上述文件，输出生产线设计方法论评审通过。

现状：暂时没有能力进行更高层次的方法论研究。

改进：需要培训和学习，预计2020年底达成初级能力。

6. 操作员工培训

工艺向生产输出文件：量产作业指导书，为生产设置培训专员。

生产接受工艺上述文件，输出待培训人员清单及培训后有资质人员清单。

人事部接受生产有资质人员清单，输出员工资质卡。

现状：研发部直接对操作员工培训，而不是由工艺部培训，不合理；资质卡仅国家认可的工种有，需要所有员工均持证上岗。

改进：和MES同步进行，2020年8月完成。

三、交付节点

交付节点是量产交付物的给出及验收阶段。

1. 交付会议

技术输出文件给工艺、生产、质量、采购：交付会议纪要含官宣交付周期、交付后微小问题清单。技术设置未来1.5年的支持人员。

工艺、生产、质量、采购接受技术部交付会议纪要。

工艺输出工艺支持人员，生产输出同意生产确认书，质量输出监督通过确认书，采购输出物料正常采购确认书。

现状：无正式的交付节点会议，但是有简单的转产会议。

改进：以××产品试行，编制工作计划书，其他产品后续开展编制。

2. 技术文件集中交付工厂

技术输出文件给标准化小组：技术文件及清单、清单参考程序文件。

标准化小组接受技术部上述文件，输出确认书及发放各部门记录。

现状：已经执行。

3. 量产质量控制

工艺输出文件给质量：含关键质控点的作业指导书。

质量接受工艺上述文件，输出制程控制计划及关键质控点稳态性管制图。

现状：无制程控制计划；无关键质控点稳态性管制。

改进：试行项目在2020年1月20日交付，后续再大规模推广。

4. 量产生产线

生产输出文件给工艺：生产线硬件验收通过报告。

工艺接受生产线上述文件，输出基于生产线设计方法论的生产线体系化验证通过报告。

现状：仅单一设备调试软硬件完成，整条生产线无体系化验证。

改进：需要培训和学习，预计2020年底达成能力。

5. 新物料属性管理

工艺输出文件给采购、仓库：含物料属性（即价格、使用频率、按订单生产制、通用物料制等信息）的物料清单；培训仓库识别新物料课程。

采购接受工艺含物料属性的物料清单，完善采购物料信息。

仓库接受工艺含物料属性的物料清单，输出含生产线库位和生产库位的物料清单。

现状：没有推动物料属性管理以便采购；没有教育仓库识别并供给物料方式。

改进：需要××单位相关部门编制实施计划。

四、维护期

维护期是产品常态化维护的阶段。

1. 更新作业指导书

技术输出文件给工艺：重大问题解决方案的作业手段更新、工程变更中作业手段更新。

质量输出文件给工艺：制程审核改进措施的作业手段更新。

生产输出文件给工艺：生产问题解决方案、合理化建议中的作业手段更新。

工艺接受技术、质量、生产文件：以上质量、生产、技术输出的工艺变更中作业手段更新需求，输出常态化更新作业指导书。

标准化小组接受工艺上述文件，输出作业指导书发放清单。

内审员接受标准化小组上述文件，输出确认常态化更新确认书。

现状：工程变更、制程审核（即检查生产过程控制是否稳定）常态化体现到作业指导书更新，极少量客户投诉的问题解决方案会体现到作业指导书更新；内审员并无审核。

改进：以××产品试行，预计2020年2月15日提交。后续需要编制推广计划。

2. 工时研究

工艺输出文件给生产：降低5%工时的量产工时统计表（每年一个版本）。

生产接受工艺上述文件，输出新版工时表确认书。

现状：无专门人员负责工时统计。

改进：需要在2020年立即开展，工作量比较大，预计2020年7月提交第一版本的工时统计表。

3. 重大质量问题处理

质量输出文件给技术：重大质量问题描述单。

技术接受质量上述文件，输出8D报告（即专业分析报告）。

现状：缺乏专业分析能力。

改进：因无法预计重大问题什么时候会发生，故商定技术从2020年初开始开展专业分析。

4. 问题数据库维护

质量接受技术部的专业分析报告，结合本部门收集的待处理问题清单，输出问题数据库常态化维护表。

现状：未建立问题数据库。

改进：立即执行，预计2020年1月有初版，后续常态化维护。

5. 封样维护

技术输出文件给工艺：样品确认书。技术转交工程变更后的签字样品给工艺。

工艺接受技术部样品，验证确认书合理，输出给质量交付样品及确认书。

质量接受工艺样品及确认书，输出新旧样品切换完成。质量需日常主动样品更新循环。

现状：没有常态化更新样品。

改进：以××产品试行，预计2020年2月底提交，后续大规模推广。

6. 技能培训

生产输出文件给工艺：年度操作员工培训计划表。

工艺接受生产年度操作员工培训计划表，向人事培训专员输出对操作员工的课程计划表及技能矩阵，工艺实际培训操作员工。

人事接受工艺技能矩阵，输出资质卡。

现状：不是工艺部培训操作员工；资质卡未覆盖所有员工。

改进：预计2020年4月提交。

7. 变更管理

工艺、技术输出文件给标准化小组：填写的工程变更单。

标准化小组接受工艺、技术的工程变更单，输出工程变更流转单。

工厂各部门接受工程变更流转单，输出各自事务完成确认。

标准化小组输出工程变更流转结束清单。

现状：工程变更数量比较多，没有专门人员追踪工程变更关闭。

改进：设定工程变更窗口职能，需要××单位编制变更管理改进的计划表。

8. 制程失效模式分析

工艺输出文件给质量：每半年一次的制程失效模式分析文档。

质量接受上述文件，输出更新的制程控制计划。

现状：无执行。

改进：预计2020年6月有第一份，后续推广。

9. 工艺路线

技术输出文件给工艺：新物料创建及旧物料更新单。

工艺接受技术部上述事项，输出操作事项，在ERP中维护工艺路线、仓库位置、生产线位置。

仓库接受工艺已经在ERP中维护完成属性的物料，输出更新的仓库物料单，实际识别该物料。

现状：仅仅维护采购或自制属性、自制件的加工路线，没有维护物料位置。

改进：结合MES实行，编制改进计划表。

10. 产能与排产

工艺输出文件给生产计划：本月底或下月初给出的产能信息表。

生产计划接受工艺产能信息表，输出实际生产排程。

生产接受工艺产能信息表，输出未来投资预算计划。

现状：未执行。

改进：××单位需要根据工时核定的进度编制改进计划表。

五、优化期

优化期是持续改善的阶段。

1. 持续改善（即研究如何减少生产及管理过程中的各种浪费）

工艺输出事项给生产、财务：每个工艺人员每周一个"接地气"改善。

生产接受工艺的每周持续改善，输出改善确认单。

财务接受生产的改善确认单，输出改善收益表。

现状：没有体系化、常态化执行改善。

改进：从2020年1月开始执行。

2. 物料供给（即零件从仓库供应到生产线的精益优化）

工艺输出文件给仓库：物料主数据清单、补料频率、周转车改进计划。

仓库接受工艺物料主数据清单、补料频率、周转车改进计划，输出更新后的物料供给线路和频率。

现状：无执行。

改进：与新生产线MES结合，同时开展，预计2020年底实现。

3. 人机工程（即研究员工如何舒适地工作，防止过早产生疲劳）

工艺输出文件给生产：人机工程评审表、人机工程改进方案清单。

生产接受工艺上述文件，输出确认人机工程改进的有效确认书。

现状：无执行。

改进：需要培训和学习，后续再考虑。

4. 快速换模（即研究如何适应小批量、多品种生产方式）

工艺输出文件给生产：快速换模研究方案。

生产接受工艺上述文件，输出确认快速换模实际上有效的确认书。

现状：无执行。

改进：需要培训和学习，后续再考虑。

5. 价值流程（即研究整个生产环节的产品拥堵程度）

工艺输出事项给各部门：每半年一次的价值流程绘制。

工厂各部门接受工艺价值流程，输出事务执行有效性确认书。

现状：无执行，属于高端精益技能。

改进：需要培训和学习，后续再考虑。

6. 智能制造

工艺输出文件给质量、生产：智能制造装备技术需求表、MES需求表。

质量、生产接受工艺上述信息，输出质量、生产方面的需求表。

现状：因为基础数据的缺失导致技术需求不是非常完备。

改进：预计2022年底形成能力。

六、退市

退市：市场给技术、质量、生产、采购输出产品退市申请。

技术、质量、生产、采购接受市场上述文件。

质量向技术输出关于产品历史问题重要度排行榜。

技术接受质量上述文件，向采购和市场输出重要问题清单针对的物料清单，确定退市后产品支持人员。

采购接受技术物料清单，输出退市配件的购买清单。

仓库接受采购购买清单，输出退市配件的存放管理。

现状：未执行。

改进：无法预计正式退市的时间，本次建立模板，预计2020年1月完成。

七、总结

1）鉴于对产品质量提升的迫切需要，本报告重点突出了质量在整个产品生命周期的贯穿、不脱节，如建立样品库、问题库、零部件确认、制程稳态性管控等，该文件在以前的开发、改进流程中缺失。

2）参考世界先进企业的做法，结合××单位现有技术部和工艺部划分，设定重大问题分析和试生产由技术部负责。

3）改进要求和现状相比，均属于跳一跳够得着的目标，需要循序渐进地进行提升。

4）结合企业智能制造战略，MES的推进方法论需要在下一层级的程序文件中体现。

5）现有产品开发文件已经根据该纲要更新进去。

调研表格见表4.1~表4.6，清楚明白地展示了业务流转庞大的体系，不拥有体系化思维的人员，难以调研出深度关联的业务缺失。好在工艺人员有体系化思维基础，假以时日，一定可以达成如表中所示的调研报告。

第4章 解决产品问题的能力

表 4.1 转产前核心事务清单

产品导入阶段性核心事务清单	输出表单	是否已执行	工艺研发输出	工艺输出接受	质量输出接受	技术输出接受	生产接受	采购接受	人事接受	标准化接受	内审员接受	财务输出	市场输出	专业模板表单	通用模板表单	第一阶段	第二阶段	第三阶段	负责人
转产前																			
1 同步工程																			
1.1 设计失效模式分析	设计失效模式表单	未执行	Y											参考行业书籍		2020年6月			研发
1.2 产品组装关系	组装关系图	未执行	Y	Y										需新增		2020年6月			研发
1.3 关键质控收集	关键质控清单	未执行	Y	Y										需新增		2020年6月			研发
1.4 开展重要问题解决	重要问题解决清单	未执行	Y	Y										参考工艺管理规范		2020年6月			研发
1.5 常态化研发会议邀请工艺、质量		未执行	Y	Y												2020年6月			工艺
1.6 制程失效模式分析	制程失效模式表单	未执行		Y	Y									参考工艺管理规范		2020年6月			质量
1.7 制程控制制定	制程控制计划表	未执行			Y									参考工艺管理规范		2020年6月			质量
1.8 关键质控要求制定	关键质控表	未执行		Y	Y									需新增		2020年6月			质量
1.9 问题库建设	问题库模板	未执行		Y										需新增		2020年6月			研发
2 样机作业指导书																			
2.1 研发制作样机组装规范	样机作业指导书	未执行	Y	Y															

（续）

产品导入阶段性核心事务清单		输出表单	是否已执行	研发输出	工艺接受	工艺输出	质量接受	质量输出	技术接受	技术输出	生产接受	生产输出	采购接受	采购输出	人事接受	人事输出	标准化接受	标准化输出	内审员接受	内审员输出	财务接受	财务输出	市场输出	专业模板表单	通用模板表单	第一阶段	第二阶段	第三阶段	负责人
2.2	实践样机装配	可装配确认书	未执行			Y																				2020年6月			工艺
2.3	测定样机工时	样机工时表	未执行			Y																		参考工艺管理规范		2020年6月			工艺
3	零部件确认																						参考行业书籍					
3.1	开展每个零部件确认工作	零部件确认书	未执行	Y		Y																			需新增	2020年9月			研发
3.2	管理零部件确认进度	零部件已确认清单	未执行	Y		Y																			需新增	2020年9月			研发
3.3	零部件确认书验收	零部件确认书验收通过文件	未执行			Y	Y																		需新增	2020年9月			工艺
3.4	零部件确认书归档	零部件确认书归档	未执行			Y	Y																		需新增	2020年9月			工艺
3.5	零部件确认书管理	零部件确认书管理清单	未执行			Y																							质量
4	封样																												
4.1	实物样品提供	样品清单	未执行	Y		Y																			需新增	2020年9月			研发
4.2	实物样品签样	实物样品签样	未执行	Y		Y																			需新增	2020年9月			研发
4.3	实物样品确认	样品确认完好转交清单	未执行			Y																			需新增	2020年9月			工艺

第4章 解决产品问题的能力

（续）

产品导入阶段性核心事务清单	输出表单	是否已执行	研发输出	工艺接受	工艺输出	质量接受	质量输出	技术接受	技术输出	生产接受	采购输出	采购接受	人事输出	人事接受	标准化输出	标准化接受	内审员输出	内审员接受	财务输出	财务接受	市场输出	专业模板表单	通用模板表单	第一阶段	第二阶段	第三阶段	负责人
4.4 最终部门接受样品	样品管理清单	未执行			Y																		需新增	2020年9月			质量
4.5 建立样品库	样品库	未执行			Y																		需新增	2020年9月			质量
5 研发工装和设备																											
5.1 研发工装和设备需求	研发工装和设备技术要求	未执行	Y	Y																		参考工艺管理规范		2020年9月			研发
5.2 制作研发工装和设备	制作完成的清单	未执行		Y	Y																			需新增	2020年9月			工艺
5.3 研发工装和设备确认	确认计划	未执行			Y																			需新增	2020年9月			工艺
5.4 验证研发工装和设备	验证通过文件	未执行					Y																	需新增	2020年9月			质量
6 设计验证报告																											
6.1 国家认可功能验证	型式试验报告	已执行							Y														已有				研发
6.2 内部功能验证	设计验证报告	已执行	Y																					已有			研发
6.3 成本验证	成本分析报告	已执行	Y																								研发
6.4 开启小批试产	生产小批试生产申请	已执行							Y															已有			技术

205

表 4.2 转产期核心事务清单

产品导入阶段性核心事务清单		输出表单	是否已执行	研发输出	工艺接受/输出	质量接受/输出	技术接受/输出	生产接受/输出	采购接受/输出	人事接受/输出	标准化输出接受	内审员接受输出	财务接受输出	市场输出	专业模板表单	通用模板表单	第一阶段	第二阶段	第三阶段	负责人
转产期																				
1	试生产																			
1.1	开启小批试产	生产小批试生产申请	已执行		Y												2020年10月			技术
1.2	每周试生产会议召开		未执行		Y		Y										2020年10月			技术
1.3	试生产问题集及推动解决	试生产问题清单	未执行		Y		Y									需新增	2020年10月			技术
1.4	对外采购物料	外购物料采购清单	已执行						Y							已有	2020年10月			采购
1.5	安排试生产执行	试生产单排程	已执行					Y								已有	2020年10月			生产
1.6	验证生产过程	过程确认计划	未执行		Y											需新增	2020年10月			工艺
1.7	试生产问题归档	试生产问题清单	未执行			Y									参考工艺管理规范			2020年10月		质量
1.8	试生产物料的管理	试生产物料隔离单,标签	未执行					Y							参考工艺管理规范	需新增	2020年10月			生产
2	工时统计																			
2.1	试生产工时记录	工时统计表	部分执行		Y											已有	2020年9月			工艺
2.2	计件制计算	计件制定额表	部分执行														2020年9月			生产

第4章 解决产品问题的能力

（续）

产品导入阶段性核心事务清单		输出表单	是否已执行	研发输出	工艺接受	工艺输出	质量接受	质量输出	技术接受	技术输出	生产接受	生产输出	采购接受	采购输出	人事接受	人事输出	标准化接受	标准化输出	内审员接受	内审员输出	财务接受	财务输出	市场输出	专业模板表单	通用模板表单	第一阶段	第二阶段	第三阶段	负责人
3	量产工装																												
3.1	量产工装技术要求收集	产品功能管控制技术要求	未执行	Y	Y																			需新增		2020年9月			研发
3.2	量产工装实物制作	工装清单	已执行		Y																				需新增	2020年9月			工艺
3.3	量产工装确认	工装认证文件	未执行		Y	Y				Y															需新增	2020年9月			工艺
3.4	量产工装验证	工装合格确认书	未执行				Y																		需新增	2020年9月			质量
3.5	量产工装实践	工装可应用确认书	部分执行									Y													需新增	2020年9月			工艺
4	量产作业指导书																												
4.1	样品作业指导书编制	样品作业指导书	未执行	Y	Y																			需新增		2020年1月20日			研发
4.2	量产作业指导书编制	量产作业指导书	已执行		Y																			参考工艺管理规范		2020年1月20日			工艺
4.3	生产实践量产作业指导书确认	量产作业指导书确认书	未执行							Y															需新增	2020年1月20日			生产
4.4	编制控制计划	质量控制计划表	未执行					Y																	参考工艺管理规范		2020年1月20日			质量

（续）

产品导入阶段性核心事务清单		输出表单	是否已执行	研发输出	工艺接受	工艺输出	质量接受	质量输出	技术接受	技术输出	生产接受	生产输出	采购接受	采购输出	人事接受	人事输出	标准化接受	标准化输出	内审员接受	内审员输出	财务接受	财务输出	市场输出	专业模板表单	通用模板表单	第一阶段	第二阶段	第三阶段	负责人
5	生产线设计																												
5.1	市场产能需求	未来三年每年的产量	未执行	Y																			Y					2020年12月	市场
5.2	设计生产线	生产线设计方法论	未执行		Y	Y																		参考工艺管理规范				2020年12月	工艺
5.3	评审生产线设计	生产线设计方法论评审通过	未执行				Y	Y																				2020年12月	生产和质量
6	操作员工培训																												
6.1	培训文件准备	量产作业指导书	未执行		Y						Y														需新增			2020年8月	工艺
6.2	培训专员	待培训人员清单	未执行		Y																							2020年8月	工艺
6.3	培训人员确认	培训后有资质人员清单	部分执行								Y		Y													需新增		2020年8月	生产
6.4	培训效果确认	员工资质卡	部分执行								Y															需新增		2020年8月	生产
6.5	持证上岗		部分执行												Y											需新增		2020年8月	人事

第4章　解决产品问题的能力

表4.3　交付节点核心事务清单

产品导入阶段性核心事务清单		输出表单	是否已执行	研发/工艺输出接受	质量接受输出	技术输出接受	生产接受输出	采购接受输出	人事接受输出	标准化接受输出	内审员接受输出	财务输出接受	市场输出接受	专业模板表单	通用模板表单	第一阶段	第二阶段	第三阶段	负责人
	交付节点																		
1	交付会议																		
1.1	召开交付会议	交付会议纪要	部分执行	Y											已有	2020年7月			技术
1.2	交付遗留问题	交付后最小问题清单	部分执行			Y									需新增	2020年7月			技术
1.3	工艺、技术支持人员确认		未执行	Y	Y														工艺和技术
1.4	生产评审	同意生产确认书	部分执行				Y								需新增	2020年7月			生产
1.5	质量评审	质量监督通过确认书	部分执行		Y										需新增	2020年7月			质量
1.6	采购评审	物料正常采购确认书	部分执行					Y							需新增	2020年7月			采购
2	技术文件集中交付工厂																		
2.1	技术转交	技术文件及清单	已执行			Y									已有				技术
2.2	文件确认	标准化确认书	已执行							Y					已有				标准化
2.3	文件发放	文件发放各部门记录	已执行							Y					已有				标准化

209

(续)

产品导入阶段性核心人事清单		输出表单	是否已执行	工艺接受	工艺输出	质量接受	质量输出	技术接受	技术输出	生产接受	生产输出	采购接受	采购输出	人事接受	人事输出	标准化接受	标准化输出	内审员接受	内审员输出	财务接受	财务输出	市场输出	专业模板表单	通用模板表单	第一阶段	第二阶段	第三阶段	负责人
3	量产质量控制																											
3.1	量产作业指导书编制	含关键质控点的作业指导书	部分执行		Y	Y																	参考工艺管理规范		2020年1月20日			工艺
3.2	编制控制计划	制程控制计划表	未执行		Y		Y																需新增		2020年1月20日			质量
3.3	制程稳健性研究	关键质控点稳态性管制图	未执行				Y																		2020年1月20日			质量
4	量产生产线																											
4.1	生产线制作	生产线硬件验收通过报告	已执行								Y													已有		2020年12月		生产
4.2	系统性生产线验证	基于方法论的设计生产线体系化验证通过报告	未执行		Y						Y												参考工艺管理规范	需新增		2020年12月		工艺
5	新物料属性管理																											
5.1	物料属性创建	含物料属性的物料清单	未执行		Y																		参考工艺管理规范			2020年12月		工艺
5.2	仓库培训	培训仓库识别新物料课程	未执行		Y							Y											参考工艺管理规范			2020年12月		工艺
5.3	在ERP里已经建立完成物料	含产线和生产库位的物料清单	已执行									Y																采购
5.4	仓库物料确认	含产线库位的物料清单	未执行								Y													需新增		2020年12月		生产

210

表 4.4 维护期核心事务清单

产品导入阶段性核心事务清单	输出表单	是否已执行	工艺接受	工艺输出	质量接受	质量输出	技术接受	技术输出	生产接受	生产输出	采购接受	采购输出	人事接受	人事输出	标准化接受	标准化输出	内审员接受	内审员输出	财务接受	财务输出	市场输出	专业模板表单	通用模板表单	第一阶段	第二阶段	第三阶段	负责人
维护期																											
1 更新作业指导书																											
1.1 重大问题分析	重大问题解决方案的作业手段更新要求	部分执行	Y																				需新增	2020年2月15日			技术
1.2 工程变更执行	工程变更中作业手段更新要求	部分执行	Y					Y															需新增	2020年2月15日			技术
1.3 质量部制程审核	制程审核改进措施中的作业手段更新要求	部分执行	Y																				需新增	2020年2月15日			质量
1.4 生产执行	生产问题解决方案、合理化建议中的作业手段更新要求	部分执行								Y													需新增	2020年2月15日			生产
1.5 更新作业指导书	常态化更新的作业指导书	部分执行													Y								需新增	2020年2月15日			工艺
1.6 标准化归档	作业指导书发放清单	部分执行															Y	Y					需新增	2020年2月15日			标准化
1.7 内审员审查	常态化更新确认书	未执行																Y					需新增	2020年2月15日			内审员

（续）

产品导入阶段性核心事务清单		输出表单	是否已执行	研发输出	工艺接受	质量输出	质量接受	技术输出	技术接受	生产输出	生产接受	采购接受	人事接受	人事输出	标准化接受	标准化输出	内审员接受	内审员输出	财务接受	财务输出	市场输出	专业模板表单	通用模板表单	第一阶段	第二阶段	第三阶段	负责人
2	工时研究																										
2.1	工时常态化改善	每年一版本的降低5%工时的量产工时统计表	未执行		Y																	参考工艺管理规范		2020年开始	2020年7月		工艺
2.2	生产确认工时	新版工时确认书	未执行								Y														2020年7月		生产
3	重大质量问题处理																										
3.1	重大质量问题收集	重大质量问题捕捉速单	未执行				Y																	需新增				质量
3.2	分析重大质量问题	专业分析报告即8D报告	未执行						Y													参考工艺管理规范		2020年开始			技术
4	问题数据库维护																										
4.1	分析重大质量问题	专业分析报告	未执行				Y																参考工艺管理规范	需新增	2020年1月			质量
4.2	质量常态化收集问题	质量部自身收集的待处理问题清单	未执行				Y																	需新增	2020年1月			质量

(续)

产品导入阶段核心事务清单	输出表单	是否已执行	研发输出	工艺接受	工艺输出	质量接受	质量输出	技术接受	技术输出	生产接受	生产输出	采购接受	采购输出	人事接受	人事输出	标准化接受	标准化输出	内审员接受	内审员输出	财务接受	财务输出	市场输出	专业模板表单	通用模板表单	第一阶段	第二阶段	第三阶段	负责人
4.3 维护问题库	问题数据库常态化维护表	未执行			Y																			需新增	2020年1月			质量
5 封样维护																												
5.1 工程变更样品更新	工程变更后的签字样品及样品确认书	未执行			Y				Y															需新增		2020年2月		技术
5.2 确认工程样品正确	样品确认书	未执行			Y		Y																	需新增		2020年2月		工艺
5.3 接收工程样品反馈确认书		未执行					Y																	需新增		2020年2月		质量
5.4 工程样品管理	样品管理更新表	未执行			Y		Y																	需新增		2020年2月		质量
5.5 常态化样品新旧交替	样品新旧交替年度更新表	未执行			Y																			需新增		2020年2月		质量
6 技能培训																												
6.1 生产培训安排	年度操作员工培训计划表	部分执行			Y						Y													需新增				生产
6.2 培训专员设定	培训专员对操作员的课程计划表	未执行			Y										Y									需新增				工艺
6.3 培训能力鉴定	技能矩阵	未执行			Y																			需新增				工艺

（续）

序号	产品导入阶段性核心事务清单	输出表单	是否已执行	研发工艺输出接受	工艺输出	质量接受	质量输出	技术接受	技术输出	生产接受	生产输出	采购接受	采购输出	人事接受	人事输出	标准化接受	标准化输出	内审员接受	内审员输出	财务接受	财务输出	市场输出	专业模板表单	通用模板表单	第一阶段	第二阶段	第三阶段	负责人
6.4	资质认定	资质卡	部分执行												Y								参考工艺管理规范					人事
7	变更管理																											
7.1	执行产品变更需求	工程变更单	部分执行	Y		Y																	参考工艺管理规范			2020年6月		工艺和技术
7.2	标准化追踪工程变更	工程变更流转单	部分执行	Y		Y		Y		Y						Y							参考工艺管理规范			2020年6月		标准化
7.3	被流转部门事务确认	工程变更流转单	部分执行	Y		Y		Y		Y		Y														2020年6月		各部门
7.4	变更管理闭环	工程变更结束清单	部分执行													Y								需新增		2020年6月		标准化
8	制程失效模式分析																											
8.1	常态化改进以改善制程失效模式	每半年一次的制程失效模式分析更新文档	未执行	Y	Y																		参考工艺管理规范			2020年6月		工艺
8.2	制程控制计划更新	新版制程控制计划表	未执行		Y																		参考工艺管理规范			2020年6月		质量
9	工艺路线																											
9.1	物料更新	新物料创建及旧物料更新单	部分执行	Y				Y																需新增		2020年12月		技术

（续）

产品导入阶段性核心事务清单	输出表单	是否已执行	研发输出接受	工艺接受	工艺输出	质量接受	质量输出	技术接受	技术输出	生产接受	生产输出	采购接受	采购输出	人事接受	人事输出	标准化接受	标准化输出	内审员接受	内审员输出	财务接受	财务输出	市场输出	专业模板表单	通用模板表单	第一阶段	第二阶段	第三阶段	负责人
9.2 在ERP中维护工艺路线		部分执行		Y																						2020年12月		工艺
9.3 仓库位置,产线位置维护		未执行		Y																						2020年12月		工艺
9.4 实际识别该物料		部分执行								Y																2020年12月		生产
9.5 更新仓库物料单	仓库带属性物料单	部分执行								Y														需新增		2020年12月		生产
10 产能与排产																												
10.1 产能信息常态化研究	本月底或下月初给出的产能信息表	未执行		Y						Y													参考工艺管理规范			2020年12月		工艺
10.2 生产安排	实际生产排程	已执行								Y														已有		2020年12月		生产
10.3 生产投资研究	未来投资预计划	未执行								Y														需新增		2020年12月		生产

表 4.5 优化期核心事务清单

产品导入阶段性核心事务清单	输出表单	是否已执行	研发输出	工艺接受	质量接受	技术输出接受	生产接受输出	采购接受输出	人事接受输出	标准化接受输出	标准化输出	内审员接受	内审员输出	财务接受	财务输出	市场输出	专业模板表单	通用模板表单	第一阶段	第二阶段	第三阶段	负责人
优化期																						
1 持续改善																						
1.1 常态化改善	每个工艺工程师每周一个接地气的改善	未执行		Y													参考卓越工业平台		2020年1月			工艺
1.2 确认改善有效性	改善确认单	未执行					Y											需新增	2020年1月			生产
1.3 改善收益评估	改善收益表	未执行												Y				需新增	2020年1月			财务
2 物料供给																						
2.1 物料精益研究	物料主数据	未执行		Y			Y										参考工艺管理规范			2020年12月		工艺
2.2 供料频率研究	补料频率	未执行		Y			Y										参考工艺管理规范			2020年12月		工艺
2.3 供料车研究	周转车改进计划	未执行		Y			Y										参考工艺管理规范			2020年12月		工艺
2.4 生产仓储优化	更新后的物料供给线路和频率	未执行					Y										参考工艺管理规范			2020年12月		生产
3 人机工程																						
3.1 人机工程评估	人机工程审表	未执行		Y													参考工艺管理规范				2021年12月	工艺

第4章 解决产品问题的能力

（续）

产品导入阶段性核心事务清单	输出表单	是否已执行	研发输出	工艺接受	工艺输出	质量接受	质量输出	技术接受	技术输出	生产接受	生产输出	采购接受	采购输出	人事接受	人事输出	标准化接受	标准化输出	内审员接受	内审员输出	财务接受	财务输出	市场输出	专业模板表单	通用模板表单	第一阶段	第二阶段	第三阶段	负责人
3.2 人机工程改善方案研究	人机工程改进方案清单	未执行		Y																			参考工艺管理规范				2021年12月	工艺
3.3 确认人机工程改进的有效	人机工程改善有效确认书	未执行								Y														需新增			2021年12月	生产
4 快速换模																												
4.1 快速换模评估	快速换模研究方案	未执行		Y																			参考工艺管理规范				2021年12月	工艺
4.2 确认快速换模实际上有效	快速换模有效确认书	未执行								Y														需新增			2021年12月	生产
5 价值流程																												
5.1 每半年一次的价值流程评估	价值流程图	未执行		Y		Y		Y		Y		Y		Y		Y		Y		Y	Y	Y	参考工艺管理规范				2021年12月	工艺
5.2 责任部门事务执行的有效性验证	验证有效确认书	未执行		Y		Y		Y		Y										Y				需新增			2021年12月	各部门
6 智能制造																												
6.1 硬件需求	智能制造装备技术需求表	未执行		Y		Y		Y																需新增			2022年12月	工艺
6.2 软件需求	MES需求表	未执行		Y		Y		Y																需新增			2022年12月	工艺
6.3 质量、生产方面的需求填写	需求确认表	未执行		Y						Y														需新增			2022年12月	生产和质量

表 4.6 退市核心事务清单

产品导入阶段性核心事务清单	输出表单	是否已执行	研发输出	工艺接受	质量接受	质量输出	技术接受	技术输出	生产接受	生产输出	采购接受	采购输出	人事接受	人事输出	标准化接受	标准化输出	内审员接受	内审员输出	财务接受	财务输出	市场输出	专业模板表单	通用模板表单	第一阶段	第二阶段	第三阶段	负责人
退市																											
市场决定退市	产品退市申请				Y				Y		Y										Y		需新增			2020年1月有模板	市场
质量收集历史问题	产品历史问题重要度排行榜	未执行				Y	Y																需新增			2020年1月有模板	质量
技术提交问题针对应物料	重要问题清单针对的物料清单	未执行						Y	Y		Y												需新增			2020年1月有模板	技术
确定退市后产品支持人员		未执行					Y																			2020年1月有模板	技术
采购备退市物料	退市配件的购买清单	未执行									Y												需新增			2020年1月有模板	采购
退市配件的存放管理	退市物料管理清单	未执行								Y													需新增			2020年1月有模板	生产

第 4 章 解决产品问题的能力

尽管工艺国家标准并没有明确提及本节阐述的跨部门审核的高阶能力,但是该高阶能力的下一阶却白纸黑字地说明了工艺要有产品类工艺能力、优化类工艺能力、产品质量问题分析能力。按照万事万物都处于运动变化发展中的普遍规律,自然而然地会走向该高阶能力的征途,建立起看到全局问题的能力,这是工艺人员建立能力的高阶实践。

真正的审核方法其实是基于工业逻辑、工业常识来开展,大道至简,无须所谓高端概念的包装,徒增困惑而已,工艺人员不要被各种概念所累,并非一定要沿着某个概念规定的方法走,而要基于逻辑走自己的路,这样才能在审核中找到工厂的核心问题点,基于核心问题点才能够帮助工厂一起寻找到解决的方案,指点迷津,而不是只找问题,这才是专家级人才要做的事。

全局观的审核,要求"打铁还需自身硬",建立自身的工艺知识储备,在审核各个部门时才有底气、不心虚,进而为接下来的数字化转型调研奠定基础。

本章介绍了工艺人员在拥有产品类能力和优化类能力后,将迈上新的台阶——有能力解决产品质量问题。这不仅仅是工艺国家标准的要求,更是工业逻辑的一步步演进,是水到渠成的事。反之,当工艺人员不能用正确分析问题的思路来解决重大工艺质量问题时,给出的对策会不合理,不能根治问题,自然该能力的缺失仍然是企业发展的瓶颈,眼睁睁地看着质量问题导致的利润流失却无能为力。

即使在当前的数字化时代,企业上线了各种各样的软件平台,期望在前端管控得更加细化、更加规范,把问题尽量都挡在前端并解决,这种想法并没有错,因为问题一旦流到制造后端,损失是呈指数级增长的。追求的理想摆在那边不会动摇,只是理想很美好,前端做得再完善也是由人做的,终究会有失误流转到后端,就如案例 2 中的一个铆钉的事故,一个毫不起眼的中美国家标准的差异,导致了巨大的质量损失,用一句古语来形容,就是"差之毫厘,谬以千里",一点也不为过。

同样,案例 1 中的高分子材料结晶度问题,一般企业哪里想得到细化到分子量、结晶度等颗粒度?通常做法是,若是零件强度不够,那就重新做一批,再不够,重新开模好了。可是,解决问题的专业工艺工程师如果也只仅仅想到这一个层级,就是修为"火候"还不够。没有足够的工程师素养,将不得不面临客户的责难,甚至客户的无礼要求也不得不接受,如果该案例的工艺工程师没有据理力争,可能世界范围内的召回费用就会由工厂承担,自己在该工厂的职业周期也只好走到了尽头。

到了能够分析各类"疑难杂症"这个段位后，并不能止步于此，工艺工程师必须更进一步地拥有体系化的审核能力，该能力是从分析问题的体系化思路里迁移来的，这是站在更高的企业运营层面这一维度进行的统观全局的审核，多参与该业务，对工艺人员走向高级管理者岗位大有裨益。

在已经到来的数字化时代，这种体系化的审核能力必将助力工艺工程师成长为工业逻辑大师，因为数字化转型转的就是优秀的管理思路，如何判定当前的某个管理思路是优秀的，大概率只有工艺人员才有此能力。工艺人员长期在高难度的技术和管理环境的历练下，拥有此能力不足为奇。

第5章 数字化工艺

数字化时代下,各行各业都在轰轰烈烈地推进"智改数转",即智能化改造数字化转型,其实什么是制造业的数字化,当下并没有明确的国家标准,在此情况下,各类软件商、咨询公司、标杆企业的智能制造事业部等"八仙过海,各显神通",是时代的弄潮儿。

工艺的数字化是当前制造业数字化的子项,所以本书前述章节反复强调,把工艺体系全方位地做到位,才能往真正的数字化工艺方向迈进。当把前述章节中的线下工艺体系建立起来并执行到位后,就会知晓数字化使前述章节的内容在数字化平台中实现优秀管理。本章将展示典型的案例及其背后普适的思路。

5.1 CAPP

5.1.1 什么是CAAP

在数字化时代,工艺作为承上启下最重要的一环,结合了数字中国大势,在当下,越来越多的企业设立了工艺部,不再由技术部兼职工艺部,要由工艺部开展专业制造方法论的研究,GB/T 28282—2012对CAPP的系统功能规范进行详细讲解,图5.1所示为CAPP系统功能结构图,该标准在2012年发布,现在获得了应用的爆发性增长。

广大企业在数字化时代知道了CAPP的重要性,但是,迄今为止执行得好的企业却是凤毛麟角,通过广泛调研,发现有如下现象。

1)将图5.1中的内容缩水成一个在线编辑作业指导书的工具,俗称"在线手工"。

2)看不懂国家标准背后的工业逻辑,工艺文件对生产、质量等部门的指导意义不大。

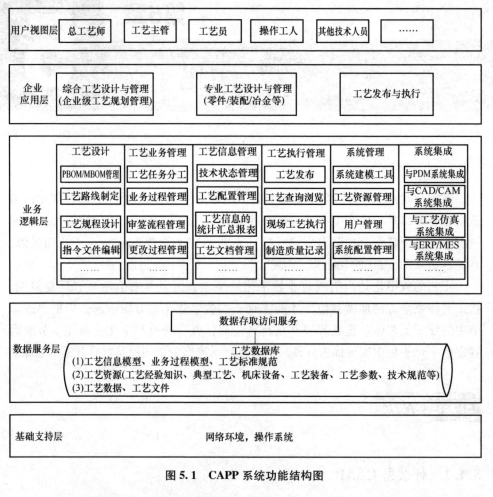

图 5.1 CAPP 系统功能结构图

3）很多数字化转型实施商大肆炒作 CAPP 概念，使之成为商业噱头，但是其实这些实施商自己都不懂到底什么是 CAPP。

4）不知晓 CAPP 是数字化转型中最难的业务，认为技术难度比研发数字化低。

国家标准比较宽泛，到底应该如何解析国家标准以使 CAPP 可执行呢？深入分解一步，CAPP 的国家级定位就是工艺的定位（见图 5.2）。

在数字化平台中，工艺到底在什么位置呢？图 5.3 所示为数字化平台中工艺所处的核心位置。

工艺是生产制造的技术，理所当然地被归入技术一类，划归到 PLM 平台，但是和 PLM 平台中的研发模块又不一样。工艺和研发虽然一样在 PLM 平台，但是工艺的下游是制造端，上游是研发，图 5.3 中清楚地显示了从工艺发源地到各个数字化模块是如何实现信息传递的，执行数字化工艺也应遵循此原则。

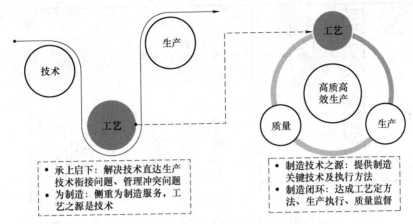

图 5.2 CAPP 的国家级定位就是工艺的定位

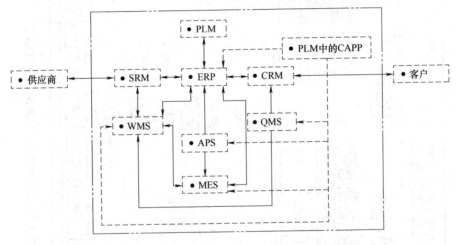

图 5.3 数字化平台中工艺所处的核心位置

从 PLM 到 ERP，工艺做的主要事情是承接了设计 BOM，输出了制造 BOM。

从 PLM 到高级计划与排程（Advanced Planning and Scheduling，APS），工艺做的主要事情是鉴定了瓶颈工位的工时，创建了约束条件，用于执行高级排程。

从 PLM 到仓库管理系统（Warehouse Management System，WMS），工艺做的主要事情是建立了物料在工位和仓库的连接，让精益生产实现点对点配料成为可能。

从 PLM 到 MES，工艺做的主要事情是推动了作业指导书实时推送到工位上，指导操作员工做出正确的产品。

从 PLM 到质量管理系统（Quality Management System，QMS），工艺做的主要事情是指明了工位的关键质控要求，为后续的质量监督提供了源头。

数字制造下工艺更详细的信息传递如图 5.4 所示。

制造工艺体系实践

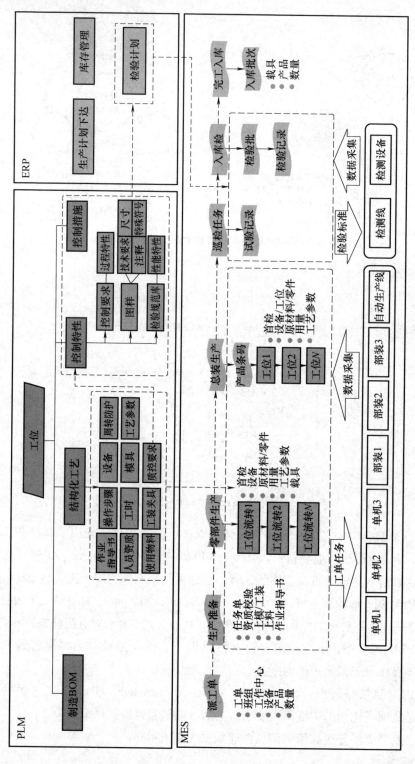

图 5.4 数字制造下工艺更详细的信息传递

224

CAPP 的设计路线如图 5.5 所示。

总体来讲，CAPP 的主要优势如下。

1）工艺设计结果从线下管理转换到线上管理，从线下的非结构化数据转换为线上结构化数据，结构化数据是计算机可以识别的语言，可用于与其他系统的集成。

2）承上启下的线上 CAPP 数据对于后端制造参数的管控是强管控，确保了工艺定方法、生产执行、质量监督的高效执行。

3）通过 CAPP 中的作业工时，为后端准确排产和效率提升提供数据支撑。

4）在结构化工艺中，物料会绑定到生产线的特定工位，为实现精益拉动生产提供了基础数据。

5）工装夹具（模具）评审过程从线下管理转换到系统线上管理，系统串联各部门推送任务，驱动设计图样、模型、试做等任务协同，结果共享。

6）从原来直接文字化表达的作业指导书，转变成基于预先在系统中设定好的标准化工艺资源库、知识库，在 CAPP 中进行配置，直接一键输出作业指导书，提高了效率。

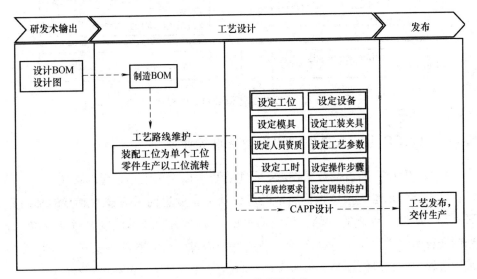

图 5.5 CAPP 的设计路线

为更好地理解 CAPP 和传统工艺的差异，对两者进行了对比（见图 5.6），从信息流转到信息编辑，再到信息输出，CAPP 真正为数字制造提供了结构化数据来源，达成了技术定标准、工艺定方法、生产执行、质量监督的闭环。

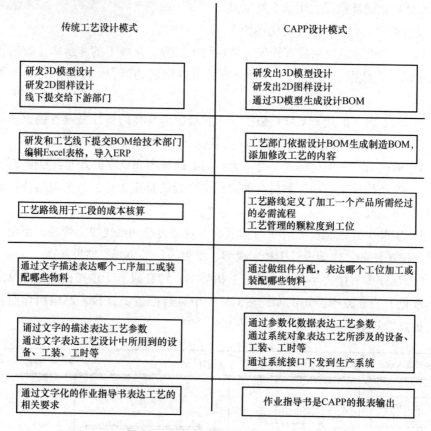

图 5.6 传统工艺和 CAPP 的对比

5.1.2 CAPP 为什么是数字化转型最难的业务

在 CAPP 中,所有的数据在数字化平台里可以上传下达、无缝贯通。

从产品技术维度来思考,通常的思维认为企业里面最有技术难度的部门是研发部,研发是企业的大脑,研发后面的各个部门的技术难度是逐级递减的,如制造技术、质量技术等,由于笔者亲身经历过,可以确认确实是技术难度递减的过程,而且研发还是其他所有技术的源头。

从数字化转型维度来思考,研发数字化转型的难度反而是小的,工艺数字化即 CAPP 反而是最难的,如图 5.7 所示,具体原因分析如下。

1)数字化转型的本质是把优秀的管理思路导入数字化平台,数字化转型转的是管理,涉及的技术并不多,而实际上单独的工具软件就已经是显著的技术呈现了。同时,研发部又是智力密集型组织,设定各种数字化的条条框框来加强管理反而容易造成丧失研发人员的主观能动性，某种程度上是得不偿失的工作。

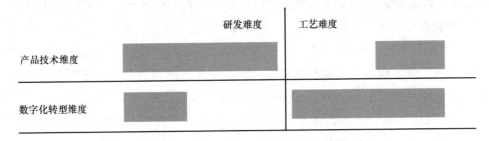

图 5.7　CAPP 是数字化转型中最难的业务

2）基于1），研发的数字化转型更多地着重于文档的管理，如图 5.8 所示。

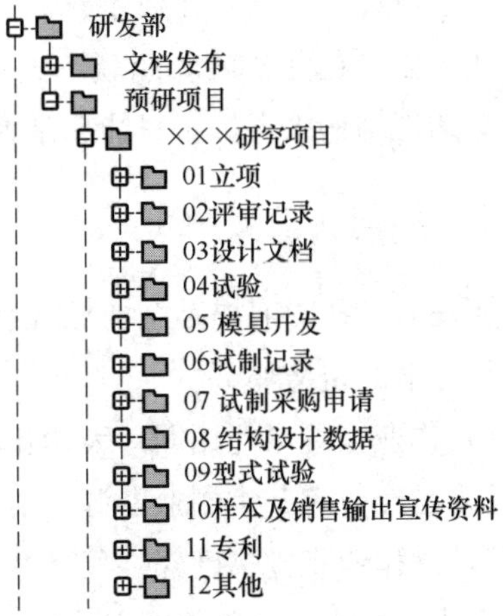

产品技术最难确实是常识，于是很多企业走入了误区，理所当然地认为研发数字化转型是最难的，其实不是，具体分析如下：

① 研发技术资料和项目交付物海量存在，如果把这些海量交付物全部通过 CAPP 开发导入数字化平台，是"天量"的工作，而且只要上传，就要在数字化平台中实现数据流转，否则只是"在线手工"，没有任何意义。

② 每一个交付物的 CAPP 开发工作量就相当于一个稍微简化版的 CAPP 工艺的工作量，当有数百个 Word、Excel 文档格式的交付物要完成彻底的 CAPP 开发，专门立项的数字化项目可能十年都做不完。

图 5.8　某世界知名数字化平台对研发的数字化转型更多着重于文档管理

③ 基于以上两点，从项目管理的维度，要求按时把交付物提交到项目管理平台即可，平台可以强控交付物的类型和数量，当交付物不满足要求的类型和数量时，项目节点不通过即可，至于打开交付物看里面的内容是不是完整、正确，是内部管理者要检查的事情，不管有没有数字化项目，管理者本来就要检查内容，不能认为上线了数字化平台后，管理者都不要线下查看工程师的工作了，要知道数字化平台永远不可能取代人的主观能动性。

④ 在朴素的制造业，把天量交付文档进行 CAPP 开发是不现实的，不能把当前大型信息技术企业的做法移植到制造业，会水土不服。

3）和研发着重于文档的有效管理相比，一份 CAPP 的难度不是一个量级的，即使仅仅实现"在线手工"，相应模板的开发工作量和难度已经极其夸张。

4）横向对比，CAPP 在我国有国家标准，所以国内软件开发商可以根据国家标准来开发，而国外没有相关标准，所以企业即使想要参考国外平台来开发 CAPP 平台，也没有先例可循，国内的软件商只能自己进入"无人区"。

5）我国大部分企业重研发、轻工艺的现象长期存在，企业里懂工艺的不多，更别说懂工艺的咨询顾问了。而在数字化转型的时代，数字化工艺被提高到了前所未有的高度，遗憾的是当前的人才储备暂时还跟不上时代发展。

本节论证了 CAPP 在数字化时代是最难实现的模块，上线平台前，不要听信了实施方天花乱坠的介绍就不经调研地上线，这种做法虽然勇气可嘉，但是若没有知识结构来支撑，只能算是鲁莽，到头来竹篮打水一场空。

5.1.3 如何实现 CAPP

实现 CAPP 的前提是企业已经拥有了优秀的线下作业指导书，优秀的线下作业指导书的定义如下。

1）作业指导书能用图片表达就不用文字表达。

2）已经含有各类制造资源，不仅仅是操作过程。

3）该作业指导书已经在线下执行到位，年度数字化评估达到了 3 分标准，评估方式请参阅作者其他图书。⊖

基于优秀的线下作业指导书，可以知晓 CAPP 的基石是把优秀的作业指导书反向拆解进入数字化平台，以实现数据的承上启下，如图 5.9 所示。

因此，如果企业的作业指导书仍然是一个不能指导操作的"形象工程"时，自然做不好 CAPP，要先补好作业指导书的课。

当企业花费大量的精力达成了 2.2 节所述的优秀作业指导书后，才能开启 CAPP 之路，不可本末倒置。优秀作业指导书的 CAPP 开发需求如下，企业可以参考。

1）软件中要有可以在线输入内容的功能，是网页版的方式。

2）可扩展移植到整个集团；按产品分类，要建立每家制造企业的产品类别

⊖ 其他图书指《工业数字化本质：数字化平台下的业务实践》，机械工业出版社，2024。

第 5 章 数字化工艺

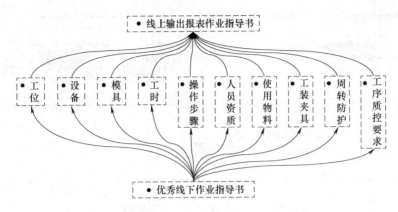

图 5.9 CAPP 的基石：优秀线下作业指导书

并导入系统用于选择。

3）要体现作业指导书的完整度（如何体现完整度要定义仔细），要注意作业指导书的更新频率是否符合企业标准。

① 更新频率是指企业所有的作业指导书（哪怕只有一份）以半月为计算周期，在半月内更新一次，符合要求，否则不合格。

② 完整度要定义清楚，按分解作业指导书里面的内容全面性来评分。作业指导书要填满，填不满的部分用斜杠输入。

4）作业指导书有生产和质量签审按钮。

5）问题库中的问题分析并解决后，要将任务推送至 CAPP 平台中，询问是否要更新相关的作业指导书。

6）作业指导书可由生产主管代替操作员工在 CAPP 平台中点击操作确认。作业指导书的实际可操作率基于操作员工已点击的确认数量来计算，用于计算的时间跨度是两周。

7）作业指导书有员工签字的培训记录，如图 5.10 所示。

8）作业指导书的关键点是如何一键切换到 MES 中，这一点需要考虑。

9）每类产品的工位要分清，相应的工位有作业指导书，尽量以工位为牵引，而非以物料为牵引来编制作业指导书，如图 5.11 所示。编制作业指导书时应考虑未来真正的流水线（注意不是运输线）的分工合作。

10）概要作业指导书最多 8 个步骤，步骤超过 8 个时要进行各种询问以确认；默认分解作业指导书至少 8 个步骤，可以增加步骤。

11）符号可以选择，预先键入数据库中，可以选择多个。

12）作业指导书的步骤工时和作业步骤可以直接导出，步骤链接到

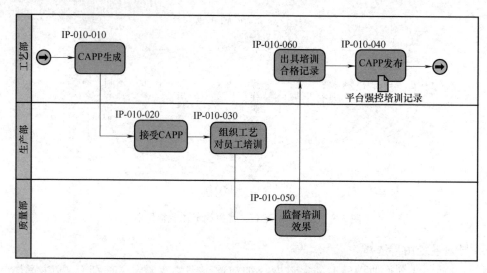

图 5.10　发布 CAPP 时强控提交培训记录

PFMEA，工时可以总计计算，刚开始的工时属于估计的设计工时。

13）作业指导书应是标准作业指导书，要体现被哪个项目调用，项目的特定施工技术说明要调用哪个作业指导书应有统计信息。

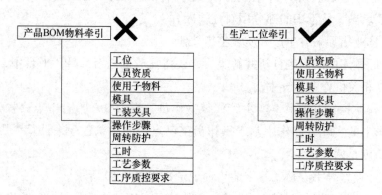

图 5.11　推荐以工位为牵引编制作业指导书

14）输入相应信息，一键生成 PDF 或者 Excel 文档，文档方式可选择，以对话框方式询问选择 PDF 还是 Excel 格式。

15）界面是层级界面，第一界面是各种管理数据，单击"详细制作作业指导书"，进入制作界面。在网页版界面中制作作业指导书。

16）在网页版中单击"+"号增加作业步骤，单击"-"号删除作业步骤，可以单击编辑后保存，最后提交审批。

17）软件规定先做概要作业指导书，再做分解作业指导书。

18）单击"工时按钮"可以看到步骤的操作视频链接，视频的时间等于输入的时间，操作视频链接可实时更新，每年的总工时趋势要减少5%，在平台中可以查看到。软件判断要有视频输入才算完整。软件可以切割视频至任意长度。

19）可以考虑结合微信小程序来开发。

20）需要有按钮上传作业指导书培训教材，教材可以是静态或动态的。

21）根据内容多少自动适配软件界面的版面。

22）分解作业指导书工位步骤名称字数不超过15个，为更好地细化步骤，概要作业指导书步骤名称字数也不超过15个。

23）项目调用的标准说明书旁边可以附带项目说明书，项目说明书说明在哪个工位，可以直接推送到工位标准+项目说明书。

24）作业指导书可以抓取到设计时间，按工位的平衡表，瓶颈时间用于计算产能。

25）若作业指导书两周没有更新会报警，作业指导书完成后可以立即自测完整度，然后提醒完善。

26）作业指导书中的品质关键点（Critical To Quality，CTQ）可以选择生成图片传给 MES。

27）作业指导书中有平衡率抓取计算，以20%偏差来衡量。创建新作业指导书时，考虑询问是否需要概要作业指导书，这样就可以清楚说明是否要分解作业指导书，简单的话只要一张概要作业指导书即可。

28）可以选择分解作业指导书导出，或者概要作业指导书分别导出做PFMEA，图示说明随图大小可以缩放，总分解作业指导书宽度不变，内部可调节大小。

29）模板概要作业指导书大小不能变，是物料类型，不是物料清单。类型的意思是在数字化平台里选择一类，清单是显示全部。

30）最后一步的自我检查是下一个工位第一步的自检点。

31）模板概要作业指导书物料类型框不能变化，一个分解作业指导书步骤只能体现一个物料，软件强行设定不填入一个料号不能进入下一步，而且只能填写一个料号。若同一个物料装于多个位置可以一步写入，没有料号的步骤输入文字也是不超过15个字，文字和料号必须至少选择一个。

32）作业指导书中只有直箭头和弯箭头，参考 Excel 的图标，可以把 Excel 的图标放入，作业指导书其他单元格里的字要限定数量，如不超过20个。

33）单击作业指导书的步骤，直接可以做失效分析，做好之后可以一键导出，也可以在线驱动制程控制计划。做制程失效分析时要判断是否是引进类和原创类，然后判断是否要导入 DFMEA。

34）作业指导书签字由使用者签字，更新频率可根据产品类型在后台修改。

35）可实现一键生成工位工具清单供开工点检参考。

36）零件加工的作业指导书模板和组装是一致的，只是零件加工是以工序流转为节点分解作业指导书，工序库中的公用分解作业指导书可以调用。

37）零件加工参数表嵌入 CAPP 界面，单击进入即可输入参数，在最终报表输出的格式化作业指导书中有链接，单击链接可开启新的显示窗口，可以看到参数，不需要参数表的格式和作业指导书模板一致（见图 5.12），界面中的其他十项会分布到作业指导书的相应页面布局中。

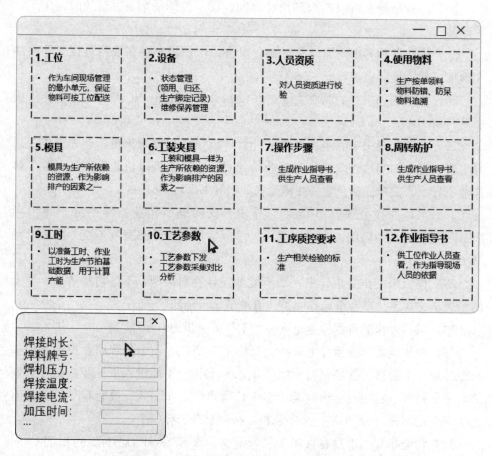

图 5.12 参数表作为链接嵌入作业指导书内部

本节充分阐述了在数字化时代作业指导书已经进化为产品制造的中枢,不再仅仅是给操作员工的操作说明,而是以作业指导书核心,控制了产品制造的方方面面,因此,作业指导书若不准确,后续的一系列业务都将出现问题。

在当前火热的数字化转型氛围下,CAPP已经有极端的重要性。不过,作为在制造业深耕多年的实践专家,笔者还是要把广大企业拉回现实,直白地说,CAPP就是把现有线下优秀作业指导书反向拆解并导入数字化软件平台,被拆解的信息可以在平台中跨部门流转,所以如果企业的线下作业指导书不是优秀的,自然做不好CAPP,最终可能会沦落为一个"在线手工"。

5.2 结构化样品承认

经常有供应商采取"逃跑"的方式,试图把供应商处的不良品流到客户生产线上,供应商的想法是:即使是不良零部件,也不会在客户的生产线上100%出现成品质量问题,问题成品也就仅占极小的比例,所以当不良零部件流到生产线上后,即使被发现,客户又不可能把装好的整机全部拆掉,通常情况下会做让步放行,这样就达成了不良零部件大部分被客户消化吸收掉,只报废了少部分,比全部报废好太多了。

数字化时代的来临,将让这些不正规的做法无处藏匿,因为在数字化平台的加持下,再也无法签让步放行单,数字化软件平台强控技术人员若签让步放行单,就要提供尺寸链计算以证明该尺寸超差不影响产品性能,不能再大笔一挥签字放行,而尺寸链计算是极其复杂的事,技术人员为了不给自己找麻烦,不会签字让步放行。

这种强控的方式在PPAP结构化开发中得到了实现。如下是一个典型的先进企业实践案例,实现了强控尺寸链计算,是制造业中少有做到位的零部件承认的彻底结构化,不是仅仅上传文档。

一份典型的样品承认报告(即PPAP的简化版)含有如下内容:封面、全尺寸报告、制程能力指数、材质证明、物性表、绿色产品检测报告、绿色产品承诺书、工艺作业指导书、会签样品信息、试装合格信息、包装运输规范、性能测试报告、零部件控制计划、系统达成一键生成样品承认书。把样品承认结构化,该报告的每一页都要在系统中实现结构化,最后整份报告以报表输出的方式来达成。

1. 封面

样品承认书封面原始模板如图 5.13 所示。

1）报告结论是通过或限量允收待限时整改到位。根据状态联动是否可以入料，非限量允收和非通过的不能入料。限时整改到位需要在软件里设定时间，允许改动一次。

2）软件开发成封面上有各个部门签字的样品图片，鼠标放置到图片上，转动鼠标滚轮可以缩放大小查看细节。

3）样品承认书签字方是技术/研发、工艺、生产、质量、采购的工程师员工，不要主管签字，只有在工程师不愿意承担责任时，才需要主管签字，软件强管控，以达成各司其职，避免本末倒置。

4）软件区分外购零部件和自制零部件，外购签字方是技术/研发、质量、采购；自制签字方是技术/研发、工艺、生产、质量。

某某有限公司

样品承认书

量产零件样品标签			
型号		日期	
图号		图号版本	
料号			
变更单号		样品承认	□Y □N
技术/研发		工艺	
质量		生产	

No: ________

零件名称: ________

零件号: ________

生产者: ________

送样日期: ________

结论 通过或限量允收待限时整改到位

技术/研发 ________ 质量部 ________

工艺部 ________ 采购部 ________

生产部 ________

图 5.13 样品承认书封面原始模板

2. 全尺寸报告

对于全尺寸报告的结构化要求，原始模板如图 5.14 所示。

1）把模板固化在系统中，需仔细研究模板的逻辑关系。

2）从图样上抓取所有尺寸的信息，尺寸有位置编码，含公差自动生成，允许一定程度的手工改动，改动由技术/研发来执行。

3）图样技术要求同样抓取，能够抓取导入全尺寸报告最好，若不能实现，需另外生成一张表单。

4）结构化后的全尺寸报告中，非关键尺寸超差若点击可接受，需要提交试装报告和尺寸链分析，联动后端控制计划中是放公差之后的控制要求，无须更新图样。注意：想要从前端数据一路打通到后端质控计划是不现实的，绕过实物零部件状况，仅仅从图样上抠出控制点是伪控制。如何让实物零件的超差尺寸和理论尺寸产生关联是重要难点，难点不解除就不能从图样起点做样品承认，只能以控制计划为起点。

5）放宽公差的非关键尺寸默认进入量产零部件控制计划的第一版本中。

图 5.14 全尺寸报告原始模板

6）关键尺寸若不合格，需要软件设定不能放宽公差，这很好理解，都已经是关键尺寸了，还能放宽公差，证明不是关键尺寸，除非技术/研发人员更新图样。

7）在系统中有基本的确认按钮，有检验员、质量审核员、尺寸确认员，尺寸是否允收由研发/技术人员来确认。

8）图样尺寸只有关键尺寸和非关键尺寸的差别，不再标注检验尺寸（标注检验尺寸是定制化产品的做法），以免顾问把图样检验尺寸当成质控计划中的检验尺寸。

9）软件强控需要测量5套零件的全尺寸报告，不得缩水，否则报告无法完成。

该结构化的模板就要在系统中结构化，不能将数字化项目做成一个上传文档的工具，此样品承认就达成彻底的结构化。

有很多不执行样品承认的企业，研发部在随意地提出数字化要求，因为实在想不出自己在数字化项目里想提升什么，领导又催得紧，于是赶紧想一个出来交差，只好就提出要把图样上所有信息提取出来，传递到后端，这样也可以说研发的技术信息往后传递了，可以交差数据源已经出来了，研发的任务就完成了，至于出来之后要往哪里跑，此时研发人员会说已经不是研发范畴的事情，这是信息部和工厂端要考虑的事情，若此时后端要执行样品承认这个流程，数据一路贯通到形成质控计划，那是管用的，若此时后端不执行样品承认，提取出图样信息的最大价值在于质量部做尺寸检验时不要对着图样手动输入尺寸表，仅此而已，往后的传递链条是断裂的。投资几百万元达成这个功能，收益到底在哪里呢？所以各个部门在执行提交数字化需求时，要充分考虑这个数据从哪里来到哪里去，即使没有数字化项目，这也是基本的工业逻辑常识，坚持常识很重要。

3. 制程能力指数

对于制程能力指数的结构化要求，原始模板如图5.15所示。

1）利用现成质量模块中的CPK模块来计算制程能力指数。

2）抓取图样上的关键尺寸来计算制程能力指数。

3）行业里的标杆企业及质量技能管理均要求关键尺寸做制程能力指数来衡量该特征的稳定性，为避免推行样品承认被质量部缩水成可选项（可选项要有制约机制，不能变成全部不选择），故在系统中要实现关键尺寸默认抓取好并输入表头，若要减少数量，应提交技术/研发允许的证据，否则不得减少，做制程能力指数是为了把质量控制（Quality Control，QC）升级成质量保证（Quality Assurance，QA），即预防胜于治疗。

4）CPK的数量默认是32模，若实在想要减少数量，最多减少到25模，软件设定不能少于25模。

制程能力指数报告

检具					
Caliper卡尺	(C)	Thickness Gauge厚度规	(T)	Gauge Block量块	(B)
Micrometer千分尺	(M)	Height Gauge高度规	(H)	Go. No-Go通止规	(G)
Opto-Comparator投影仪	(O)	Dial Indicator千分表	(D)	Microscope显微镜	(S)
Pin Gauge销规	(P)	Flexible Rule卷尺	(F)	CMM三坐标	(E)

测量设备													
公差类型	1	1	1	1	1	1							
维度类型													
尺寸序号	1	2	3	4	5	6	7	8	9	10	11	12	13
标称													
+													
-													
USL	0.000	0.000	0.000	0.000	0.000	0.000							
LSL	0.000	0.000	0.000	0.000	0.000	0.000							
1													
2													
3													
...													
32													
平均值													
σ													
最小值													
最大值													
极差													
样本量													
目标Cp	3	3	3	3	3	3	3	3	3	3	3	3	3
目标Cpk	1.3	1.3	1.3	1.3	1.3	1.3	1.3	1.3	1.3	1.3	1.3	1.3	1.3
Est. Cp	#VALUE!	#VALUE!	#VALUE!	#VALUE!	#VALUE!	#VALUE!							
Est. Cpk	#VALUE!	#VALUE!	#VALUE!	#VALUE!	#VALUE!	#VALUE!							
Disposition													

图 5.15 制程能力指数报告原始模板

5）尺寸在公差范围内，但是当 CPK<1.33 时，理论上就是 CPK 不合格即制程不稳定，但是研发/技术人员由于项目进度要求，可以暂时限量允收，在释放后的样品承认书上要有显著标识：限量允收，待整改到位。软件强管控需要限期整改到位，倒逼提升制程稳定性，不能把 CPK 缩水当成儿戏。

4. 材质证明

对于材质证明的结构化要求如下。

1)以图片形式上传,输入图样规定的材质、实际使用的材质,若出现材质不一致的同时还不想改图样,需提交材质的等效证明,软件强制管控。

2)不仅仅是等效证明,软件需要强制输入以下缺一不可的信息:①该新材料的功能验证合格报告;②理论材料的功能验证合格报告;③两种材料的功能验证对比报告和结论;④签审到总工的材料可替代证明。

3)若有多种替代材料,需要提交各自证明。

5. 物性表

对于物性表的结构化要求如下。

1)以图片形式上传,若是替代材料,提交替代材料的物性表。

2)针对塑料材料,软件强制要求输入厂家牌号,该牌号对应缩水率、熔融指数,因为后续量产模具型腔大小和成型难易度由这两项参数决定。

3)想要更换原材料,软件驱动生成工程变更,杜绝随意更换原材料。

6. 绿色产品检测报告

对于绿色产品检测报告的结构化要求,内容清单原始模板见表5.1。

以图片形式上传,上传该物料对应材质的绿色产品检测报告,若是替代物料,需输入替代物料的检测报告,替代物料已经在材质证明模块里面输入。若要把表5.1开发成系统输入,系统是可以实现的。

表5.1 绿色产品检测报告内容清单原始模板

分类	类型	有害物质	限值:$10^{-4}\%$(mg/kg)	实测值
基本项目	重金属	包材中的重金属的总和(镉+铅+汞+六价铬)	Cd+Pb+Hg+Cr(VI):100	
		镉及其化合物	1. 100 2. 电池:250	
		铅及其化合物	1. 1000 2. 电缆夹套:300 3. 钢合金:3500 4. 铜合金:40000 5. 铝合金:4000 6. 电池:4000	
		汞及其化合物	1. 1000 2. 电池:5	
		六价铬及其化合物	禁止	
	有机溴化合物	聚溴联苯	1000	
		溴联苯醚	1000	

（续）

分类	类型	有害物质	限值：10^{-4}%（mg/kg）	实测值
申报项目	有机氯化合物	多氯联苯及多氯对联三苯	50	
		氯化石蜡（C10~C13）	10000	
		聚氯乙烯	禁止	
		石棉	禁止	
		偶氮染料	30	
		破坏臭氧层物质	禁止	
	其他金属	镍及其化合物	0.5μg/(cm^2·周)	

7. 工艺作业指导书

对于工艺作业指导书的嵌入，要求如下。

以物料、焊接组件、铆接组件的料号为出发点来调取结构化的工艺作业指导书，所有的零件加工参数都含在作业指导书里，作业指导书的结构化在 5.1 节已经阐明。

8. 会签样品信息

对于会签样品信息的结构化要求，原始模板如图 5.16 所示。

××公司零部件签样单			REV：01
样品类型	□首次量产样品	□工程变更样品	□常态轮换样品
	试跑单号：________	变更单号：________	
签样日期			
样品到期日			
样品柜库位号			
签样人员	技术：	工艺：________	质量：________
样品保管人联系方式			
签样图			

量产零件样品标签			
型号		日期	
图号		图号版本	
料号			
变更单号		样品承认	□Y　□N
技术/研发		工艺	
质量		生产	

说明：签样仅对上图样品负责，后续量产期间需要确保零部件和样品一致。

图 5.16　会签样品信息原始模板

1）软件控制需要上传已由技术/研发、质量、工艺、生产签字的样品照片。

2）工程变更的样品联动工程变更单号，新产品的样品联动试生产单号，试生产单号来自新产品开发的新品试生产。

3）样品有效期为一年。

4）有内部的小签审流程来保证签样单完成。

5）样品库位号联动现场的样品柜，保证可以迅速找到封样。

9. 试装合格信息

对于试装合格信息的结构化需求，原始模板如图 5.17 所示。

1）工程变更的样品试装联动工程变更单号，新产品的样品试装联动试生产单号，试生产单号来自新产品开发的新品试生产。

2）试装人是技术/研发人员。

	××公司零部件试装报告		编号：
样品类型	□首次量产样品 试跑单号：_____	□工程变更样品 试跑单号：_____	□常态轮换样品
确认	□自制件 工艺：	□采购件 采购：	
试装人员	□合格　□不合格 试装人：_____		
试装问题记录(如有则记录)：			
试装图			

图 5.17　试装合格信息原始模板

10. 包装运输规范

对于包装运输规范的结构化要求，原始模板如图 5.18 所示，按表格进行结构化。

11. 性能测试报告

对于性能测试报告的结构化要求如下。

性能测试报告按技术/研发的样式来加入，沿袭技术/研发部。

12. 零部件控制计划

对于零部件控制计划的结构化要求，原始模板如图 5.19 所示。

1）前述事务完成后，软件驱动线下会议，召开样品承认会议，会议上商讨确定零部件控制计划。

2)控制计划的更新基于量产后的第一版本,经过长期+量产数量追踪实际控制的状态,再更新版本。

××公司零部件包装运输规范			编号:
样品类型	□ 首次量产样品 试跑单号:_____	□ 工程变更样品 试跑单号:_____	□ 常态轮换样品
确认	□ 自制件 工艺:	□ 采购件 采购:	
包装图			

图 5.18 包装运输规范原始模板

零部件控制计划

料号		描述	
物料等级		产品型号	
版本			
序号	技术规范	测量工具	抽样方案
图示详细要求			
工艺工程师		质量工程师	
研发工程师		生产主管	

注:第一版本的控制计划同审核计划。

图 5.19 零部件控制计划原始模板

3）在零部件结构工艺性评审中，理论上已经鉴定到哪些特征需要快速检具，快速检具可以自动带入控制计划中，若先前没有考虑到快速检具，软件设定控制计划没有完成，驱动快速检具完成后，再次创建控制计划鉴定会议。

4）控制计划是样品承认书的最后一页，只有在控制计划完成后，才能生成完整的样品承认书，软件需要控制。

5）控制计划的模板按照质量部的控制计划模板来开发。

13. 一键生成样品承认书

对于一键生成样品承认书的结构化要求如下。

1）完成后的样品承认书，软件自动发送给承认书中涉及的人员，零部件分A、B、C重要度等级，等级在研发PLM端已经分级完成，A类零部件抄送到总经理、总工、部门经理、主管，B类零部件抄送到总工、部门经理、主管，C类零部件抄送到部门经理、主管。

2）被抄送的各级领导在审核成品文稿时若有异议，经双方沟通确实有问题的，软件可以点击更新样品承认书，再次签审，完成新的循环。

3）自制零部件生产时，需要在系统里查询该零件是否有样品承认书，A类零部件在释放量产前需要完成，若没有样品承认书则不得量产。B、C类零部件若分别在量产后半年、一年后还是没有样品承认书，不得量产。每家企业的时间设定可能不一样，需要定义清楚。

4）联动到PLM，在交付时刻检视样品承认是否按规则完成，否则释放量产交付节点不通过。

以上内容是样品承认的零件技术层面的结构化实现，在业务流层面，样品承认是一个庞大的体系，从研发出来，到样品签样结束，都是在数字化软件平台里实现的，数字化的业务蓝图如图5.20所示，极其庞大，不能因为业务繁杂而缩水成仅仅是个尺寸检验的过程，企业若出现这种做法，定要赶紧制止才好。

在数字化时代，无论是外购零件还是自制零件，由工艺部负责的严格零部件承认将在软件平台里有效地管理起来，再也不会有随意签让步放行单的现象发生，确保了量产零件质量和释放量产时刻是一致的，零部件的稳定性得到了极大的提高，即使后续再出现异常，也可以在一个有规则的前提下反向追溯到问题根源。

做得优秀的企业，将零部件承认后的封样都用数字化软件平台管理了起来，该零部件即使在本年度没有任何设计变更，系统平台也会按设定的更新频率驱动重新更新样品，重新做一遍零部件承认，以确保零部件状况时刻可控，控制范围不偏移。

第5章 数字化工艺

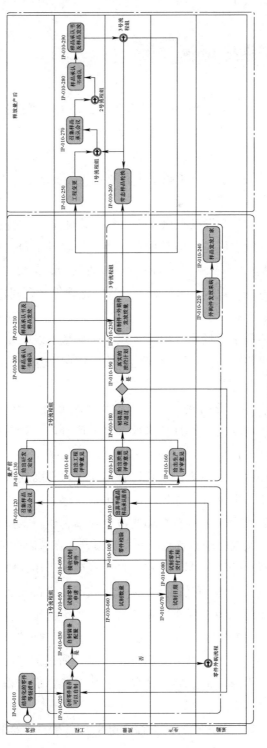

图 5.20 样品承认的数字化业务蓝图示意图

5.3 工程变更是否需要数字化

2.5 节已经论证了工程变更应由工艺部负责，是主要业务之一，在当下的数字化时代，要怎么对该业务实施数字化转型或直接判定为无须数字化转型呢？如下为详述。

数字化不是万能的，不能为了数字化而数字化，生活中也有好多伪数字化，导致笔者经常感叹科技让效率更低下，当然，这是情绪宣泄，宣泄后，静下心来想想，本质上还是软件开发没有想清楚一个朴素的道理：科技以人为本。

在制造业，广泛的误区是，似乎用上了数字化软件平台，就感觉和高科技"攀上亲戚"了，其实不然，再高级的数字化软件平台，都要切实地为制造业朴素的质量、安全、设备、效率、出货服务，数字化软件平台同样需要回归本质，否则都是无根之木、无源之水。

本节特地不阐述数字化场景，而是阐述一个典型的线下比线上更有效的管理方式——工程变更闭环。再怎么数字化，软件作用在这个业务闭环内的占比仍然是小的。

时间回拨到笔者刚毕业时进入的一家世界著名企业，当时负责工程变更，一年要负责几十个工程变更，而且从来就是高效闭环的。该工程变更的简单描述如图 5.21 所示。

当年这个刚出炉的毛头小伙，一开始就接受了这种强线下、弱线上的变更闭环管理方式，多年来也没有感觉到哪里不正常，建立了"工程变更很容易就是闭环"的常识，直到对比了市面上那些被企业奉为圭臬的所谓工程变更闭环管理数字化平台，才发现一开始就已经站在了顶点，真是没有对比就没有伤害。

将图 5.21 再细化一级，会得到更细化的工程变更闭环，如图 5.22 所示。

图 5.22 显示了工程变更真的是极端复杂，这么复杂的工程变更如何达成真正的闭环呢？本节专门说明工程变更无论有没有数字化平台，为什么都难以实现闭环，难道平生第一次接触的工程变更管理平台是极端异类？

市面上的 PLM 平台是有工程变更模块的，这些所谓的工程变更模块还是来自世界知名设计软件厂家，但是通常情况下还是很难达成工程变更闭环，仔细思考其原因如下。

1) 来自某世界知名 ERP 平台的工程变更平台只是一个新旧 BOM 切换的模

第 5 章 数字化工艺

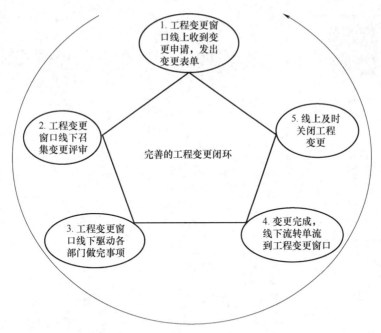

图 5.21 完善的工程变更闭环

块,冠以工程变更平台,是名不副实的,关键是这种名不副实的平台在大品牌的光环下,竟然还在全世界推广,美其名曰推广先进的管理理念,遗憾的是,好多国内企业迷信大品牌,到最后工程变更即使在线化,还是无法达成闭环,但是又不能质疑这个大品牌的产品,吃了哑巴亏。

2)工程变更牵涉了企业几乎所有的部门,而发起者是技术部门,即使有变更管理平台,想要以平台来推动各个部门及时完成本部门的事情,仍然会举步维艰,因为各个部门都有自己职责范围内的事务,各个部门抗拒添加额外任务,如生产部就不愿意配合试生产、质量部就不愿意积极做新零部件检验、工艺部不愿意更新作业指导书等,大家倾向于每天按部就班,所以没有哪个部门会积极主动地执行。

3)本书 2.5 节中描述了由于严重的部门墙,导致技术人员要推行工程变更,是一件谁提谁负责的事情,这极其有问题,技术人员以技术见长,不是管理见长,要技术人员去做极其需要管理能力的工程变更闭环,是一件超越能力范围的事情,导致的后果就是工程变更经常性地卡死在某个部门,而技术人员并不会去催促,领导询问的话,就直接反馈卡在某个部门了,然后领导也无法推动,就这样经常性地变更停滞,问题上升到高层,在高层会议上撕扯不已,罚款了事,进入了恶性循环。即使某些工程变更是闭环了,若要仔细推敲,会

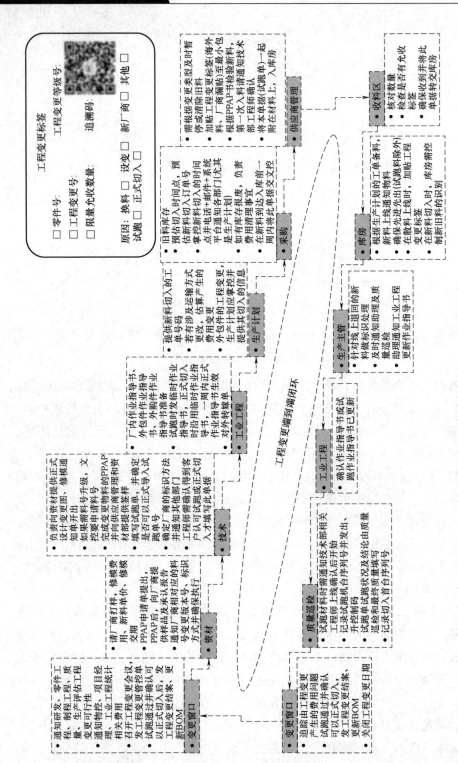

图 5.22 某世界领先企业复杂的工程变更闭环

发现技术人员用了各种投机取巧的办法，如本来是一个全流程的各部门变更追踪，硬生生搞成一个精简版，只要两个部门签个字就结束。

4）为什么笔者平生第一次接触的工程变更可以完美闭环，是因为有专门的工程变更窗口在持续不断地要求各个部门做到位，这个工程变更窗口是一个正规的职位，有 KPI 考核，不是技术人员兼职的，不是谁提谁负责的，而是技术人员提出，各个部门执行，工程变更窗口全方位监督、催促，这个监督、催促的过程不是一个数字化平台冷冰冰地发个消息给执行人员，而是工程变更窗口用自身强大的沟通协调能力去推动执行的，沟通协调能力不是一个数字化平台可以取代的，是线下人的因素占主导。现实中真的有效率比线上平台高的管理手段，不得迷信线上平台的效率一定就高。

一些不知进取的企业，或者一些想改进但是又无能为力的企业，一方面要工程变更，一方面还要达成闭环，就扭曲异化成了一个简单粗暴的罚款平台，其中就包含了工程变更的罚款模块，这就走向了另一个极端，美其名曰以结果为导向，殊不知已进入恶性循环。

举几个工程变更罚款指标就知道有多么匪夷所思，如下。

1）没有及时切换新旧 BOM，导致旧物料要用半年，新物料迟迟不能上线，发现一次，责任人罚款 1000 元，直属领导罚款 500 元。

2）没有按照规定的要求走变更流程，有偷工减料现象的，发现一次，责任人罚款 500 元，直属领导罚款 200 元。

3）打开交付文档，发现内容是滥竽充数的，发现一次，责任人罚款 2000 元，直属领导罚款 1000 元。

本节展示的工程变更是数字化转型中典型的仅需要适当数字化的业务，其实还有更多的业务不适合数字化转型，阅读了本节后，企业要仔细思索，企业真的要上数字化软件平台吗？想不清楚，贸贸然地跟风上线数字化软件平台，会和预期南辕北辙，既达不成提高质量，也达不成降低成本，更达不成提高效率，意义何在呢？

5.4 其他工艺业务的数字化简述

5.4.1 结构工艺性审查

笔者在世界先进企业工作期间，即使是迭代快速的消费电子产品领域，被称为同步工程的结构工艺性审查其实说得并不多，具体原因如下。

1）研发人员已经够强，在设计时就已经懂得了该零件的制造过程，不懂制造过程的工程师是做不了研发的，强行把工艺人员拉进来商讨，工艺人员却不懂研发人员的设计思路，为了说清楚，要解释好长时间。有这个时间，研发人员自己早就想好了如何规避制造难点了，世界先进企业在这方面是不装的。

2）数字化转型实施商推波助澜，炒热了此概念，于是我国企业也把同步工程喊得震天响，其实还是研发人员能力不足，把工艺人员拉进来了似乎就可以规避责任，即使最后出问题，也是法不责众。

3）市场上已经有现成的结构工艺性审查软件，把专业的工艺审查内容开发入软件，一键就可以审查出不合理项，在数字化时代不是一件有难度的事。但是该软件在广大制造企业里却难以推广，因为一旦广泛推广，会把原先研发人员的不作为挑到台面上来，工艺人员也一样，原来闭着眼睛签字就行，软件一来，把之前大家的不作为都清楚明白地展示出来，一旦追查起来，对研发和工艺都极为不利，人性一定是趋利避害的，故研发人员和工艺人员会联合起来反对这个结构工艺性审查软件，要破除这种反对声浪，企业管理层既往不咎是好的办法。

市场上已经有结构工艺性审查的优秀软件产品，企业只要采购该软件即可，研发端装上后无须工艺再审查，简单的功能解释如图 5.23 所示。

5.4.2 制程失效模式

制程失效模式在当下的数字化平台里已经实现了在线化，但是也仅仅止步于此，归结于在线手工，正确的做法是企业需要说清楚该失效分析在系统里的来源有哪些，输出是什么？

一般来讲，制程失效模式的来源有以下方面。

1）设计失效模式。
2）设计图上的尺寸和技术要求。
3）作业指导书的每一个步骤。
4）问题库。
5）2.6 节描述的过程流程图。

需要注意的是，浮于表面的数字化转型实施商，只知晓唯一的来源即设计失效模式分析，这是远远不够的，企业的工艺部门要清楚该逻辑关系。如何反

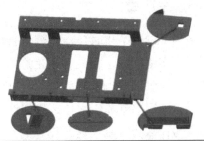
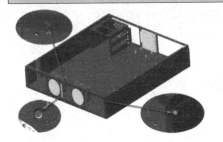

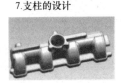
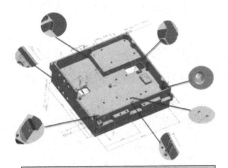

图 5.23　结构工艺性审查软件简单的功能解释

驳数字化实施商的死理,即有设计失效模式分析后,才有制程失效模式呢?具体分析如下。

1)设计失效模式分析,顾名思义,就是提前想到未来有哪些风险,这些风险用设计手段来规避。

2)当设计人员非常资深,可能所有的风险都用设计手段来规避,就等于制程失效模式分析没有作为输入源的设计失效模式分析。

3)当设计人员留了一个风险项要由制程失效模式分析来保障,是不是制程失效模式的输入源就一个?这几乎是不符合常理的,此时,制程失效模式的来源更应该是其他四个。

制程失效模式分析的输出自然是制程控制计划,这是毫无疑问的,这也匹配了工艺国家标准里规定的工艺部要给质量部提供质量控制计划的要求。

5.4.3 生产线

在当下的数字化时代，比较流行的是数字孪生，在虚拟世界里模拟了将要建设的真实生产线，预先知道生产线和周围的干涉、物料流、信息流、产品流等信息，让管理层可以简单明了地知晓未来生产线的运行模式。

让思考回归本源，为什么生产线要占地这么多面积？为什么会和周围厂房干涉？为什么物料流是这么设计的？为什么产品流向不是直线型？生产线设计在数字化时代是最基础的理论计算能力，基于理论计算，才能绘制出数字孪生，数字孪生只是生产线理论计算的具象化表达而已。

理论计算不精准，会导致最终物理生产线的运行达不成产能目标或富裕太多，导致巨大的投资失败。

生产线在数字化时代承载了太多的数字化呈现，仅仅是个 AR 展示是肤浅的，要深入和产品强关联才能达成真正的生产线设计，进而走向数字化、智能化生产线，若专注于表面文章，是伪数字化。

在当下的数字化时代，对生产线设计资料的有效管理是合理的数字化手段。

5.4.4 工时

在数字化时代，开发一个辅助找出准确工时的体系非常重要，可以参考如下的要求。

1）上传录制的动作录像，理想的状况由人工智能识别、辨别出运行工时、设计工时、增值工时。

2）若没有人工智能，要把图 2.8 所示的录像工时分析表开发入系统，根据一段录像，手动输入各种动作类型的时间，然后自动计算出运行工时、设计工时、增值工时，并计算出比例。

3）可以查看每个模块的工时，工时表格按照表 2.1 的示例开发入系统，根据产品类型选择模块，即可生成该类型产品的工时，该工时作为量产交付的基础。

4）可以上传培训资料以便新人实时查看工时方法论，静态或动态的文件都可以上传。

5）每个产品的工时体系有每年减少 5% 的目标，目标要每隔 1 周提醒一次，提醒方式可以发邮件，或者在软件里面提醒。

6）当产品工时无法达到降低 5% 的目标时，需要有解释说明，该说明要签审到总经理。

7）单击工时表中的细化项，会实时显示该细化项的三种工时，可查看到录像。

8）动作分类的专业图片预先开发入软件里，以达成形象化展示。

9）该模块里面的工时匹配作业指导书中的步骤工时，至少整体之和是一致的。

10）工时由工艺提出，生产确认。

11）新项目工时分项目阶段，有小批试制的工时、释放量产时刻的工时、日常工时、年度标准工时更新计划。

12）释放量产后进入批量，在3个月之内工时降低30%是KPI。

13）从单个录像视频开始分析，到生成二维工时矩阵表。

14）专业的工时专员负责每条产品线的工时，关联的工艺工程师负责降低后再请专员录工时。

15）工时联动实时绩效。

16）打通研发的设计模块，难度非常大，故二维工时表的模块在工时界面里创建。

17）软件里嵌入视频剪切软件和转动画小视频功能以达成轻量化视频。

18）有哪些行动导致了工时降低，要在工时体系里提交文件证据，若是集团公司，工时的展示界面有集团层面的效率排行榜。

19）组装工时的优先级比零件工时高。

5.4.5　操作员工培训

数字化时代的来临，将确保工艺在发布新版作业指导书时，软件平台需要强控上传培训记录，不能事后补，培训记录要相关方签字才能生效（见图5.24），一下子从源头上杜绝了扯皮的现象，再发生问题，不会无奈地接受不良转嫁单，至于新人没有培训就上岗，这是人事部的安排没有到位导致的，在数字化软件平台里可以推动人事部安排培训，即使具体的培训操作员工由工艺来完成，也要由人事部来发起，在数字化时代，业务的责任将鉴定得清清楚楚，没有灰色地带。

5.4.6　工装夹具

工装夹具设计采用的设计软件和产品设计软件是一样的，在数字化时代，

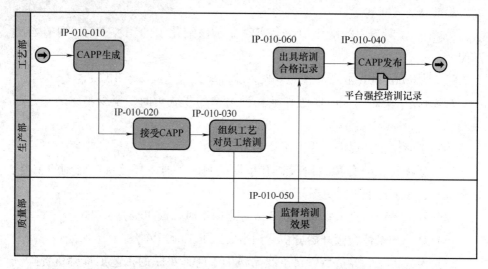

图 5.24 发布数字化平台下的 CAPP 时强控提交培训记录

把工装夹具有效地管理起来是一个方向，CAPP 中的工装夹具库是一个结果，结果如何达成是软件开发的关键，可以参考如下内容。

1）建立工装台账的管理界面，可以输入以下栏位信息：制造单位、工装外购供应商、工装自制、工装名称、工装编码、价格、作用、尺寸、重量、主要材质、3D 图下载、2D 图下载、创建者、创建日期等。

2）工装平台里的工装是共享的，各制造单位可以在系统里根据关键词搜索到所需要的类似工装，下载下来修改即可。

3）类似于自动跳出保养计划，工装有年检提醒，工装管理员收到提醒后，联系工段送检。

4）有工装模块、检具模块、非标设备模块。

5）以系列管理，可以增加新的系列。

6）以每套工装为单位，添加工装的申请表、验证表。

7）类似于全员生产性维护，有工装整体的完整率和完好率。

8）有某款产品工装的完整率。

9）工装夹具系统里面的工装释放量产后自动转入全员生产性维护平台处理。

5.4.7 合理化建议

合理化建议平台可以开发成如图 5.25、图 5.26 所示的样式。

第5章 数字化工艺

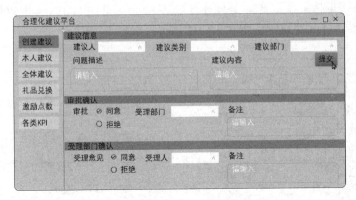

图5.25 合理化建议平台的"创建建议"界面

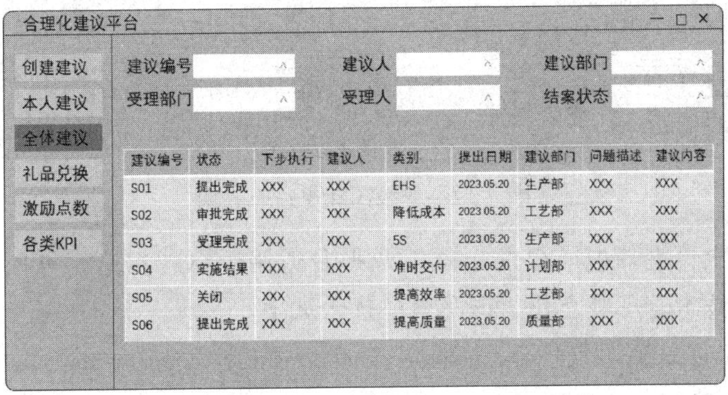

图5.26 合理化建议平台的"全体建议"界面

该精于心、简于形的软件平台，不光实现了以上要求，更有意思的是有一个新的功能，即领导若认为本部门或其他部门员工的合理化建议得到了非常好的执行效果，领导可以给该员工的账号上发放激励点数，激励点数可以折算成线上购物卡或企业自有小礼品等，让员工有满满的获得感。

5.5 卓越工业平台中的优化类工艺管理

古语说"工欲善其事，必先利其器"，这个"器"可以分两种，即实物工具和方法论。一个高级工匠在有了实物利器后不会贸然下手，而是充分构思工作的前后顺序，从哪里下第一刀最合理，如何防止功亏一篑的错误发生等，这个三思而后行，谋定而后动的行为就是方法论的"器"。这里将展示一个自行开发

253

的"器"——卓越工业平台（等同于工艺平台）（见图5.27），用以抛砖引玉，有需要的企业可以借鉴该思路开发适用于自身的平台。

图 5.27　卓越工业平台主界面

具有完全自主知识产权的卓越工业平台适用于卓越制造，可用于工业化技术管理，使技术管理数字化。该平台的优势如下。

1）属于客户关系管理（Customer Relationship Management，CRM）、产品数据管理（Product Data Management，PDM）、ERP外的第四个卓越工业平台（Apex Industrialization Platform，AIP），达成从产品开发到送达客户的闭环，为推进高效、高质且符合规范保驾护航（见图5.28）。

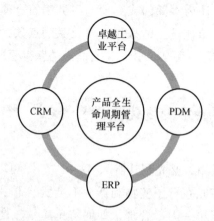

图 5.28　卓越工业平台在数字化平台中的位置

254

2) 使用数据库软件，底层数据同源、模块互联等。

3) 在公共内网平台上统一管理，各级经理可根据权限查看进度，最高层可根据权限查看最基层员工的工作状态，实现信息传递的扁平化。

4) 制造行业内无此现成软件平台，暂时属于行业唯一，基本上只能企业内部自己开发，软件需求方要有体系化的工业能力才能提出软件达成的效果，否则无法开发，而市场上拥有体系化工业能力的人才极其稀少。

5) 践行数字中国战略。

6) 该软件属于技能人才的工作互联，针对人的技能和管理，相比于工业云的设备互联，该平台更体现以人为本，因为技能人才本质上属于最高端装备。

7) 内置学习模块：可在线学习评估效果；有专业的学习资料；技术学习资料可以上传以共享；下载需要付出自身激励点数，自身激励点数由部门经理根据员工绩效发放电子激励点数。

5.5.1 持续改善模块

基于国家标准工艺优化方法论和先进制造业特色，该平台打造了持续改善模块，如图 5.29 所示。

1) 驱动每个工程师级别的员工每 3 周进行一个"接地气"的改善，改善无论大小都值得奖励。

2) 改善的绩效与员工实时绩效管理平台联动。

3) 有图、有真相地展示改善前后的效果。

4) 有初步的财务收益评估，是员工年度调薪的参考之一。

5) 把工业工程专业的改善方法论固化入软件平台，使改善有的放矢。

6) 是广为宣传工厂改善氛围的平台，带动各个部门参与改善。

该模块实现了改善报告一键输出，达成了持续改善的广为传播，如图 5.30 所示。

5.5.2 5S 数字化管理模块

基于国家标准现场工艺管理和制造业现场管理的特色，该平台打造了 5S 数字化管理模块，如图 5.31 所示。

1) 把现场管理的扣分标准固化入软件。现场管理的每一个不合格项均有对应的扣分标准，总计 100 分。采用倒扣分数的形式，严重的扣 3 分，一般的扣 2 分，轻微的扣 1 分。

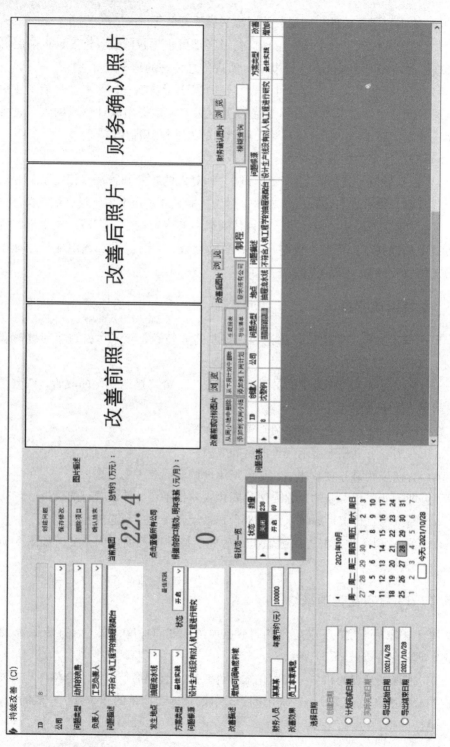

图5.29 持续改善模块

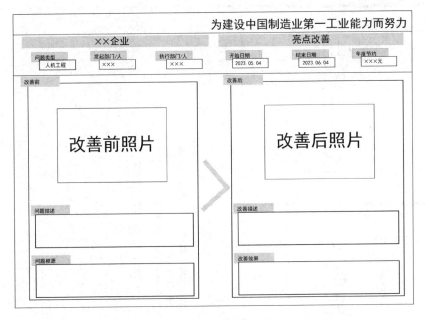

图 5.30　广为传播的改善报告

2）有图、有真相地展示改善前后的效果。

3）建立了班组现场管理的数字化衡量标准，是月度绩效考核的参考。

4）制造单位每个班组都有每周现场管理分数，并显示了排行榜。

5）真正实践了扁平化、数字化管理，各级领导根据权限可以查看制造班组当周的现场管理排行榜，用于各级管理层对后进班组进行重点关注。

6）预留的接口用于现场 AR 巡查时把实时照片传输到软件平台里，而无须人工上传照片。前提是每个现场工位都有标准的 5S 模板，模板已经存储在 AR 机器人中作为对比的标准。企业可以参考该模式。

5.5.3　全员生产性维护模块

基于设备维护国家标准、世界先进企业的设备管理体系，该平台成功打造成了制造业一流的全员生产性维护模块（见图 5.32）。

1）基于财务部设备台账的设备管理状态可视化展示，可定岗到设备维护人员，并有设备的完好率显示。

2）基于设备说明书的保养要求，在设备管理体系中预先创建保养要求，该模块按周自动创建保养要求，驱动设备维护人员进行生产性维护。

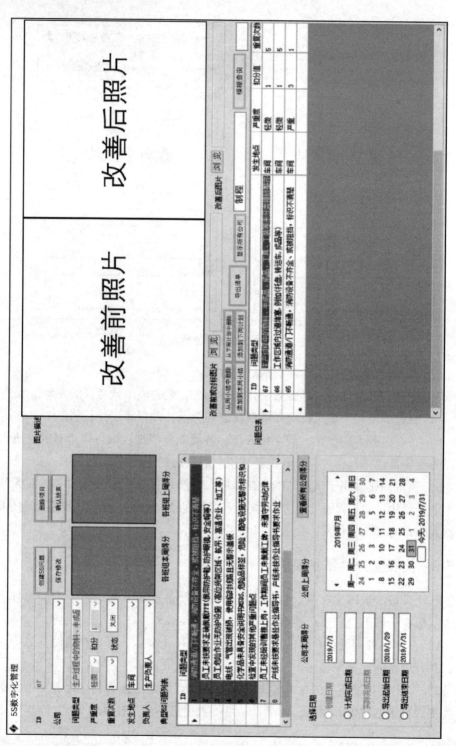

图 5.31　5S 数字化管理模块

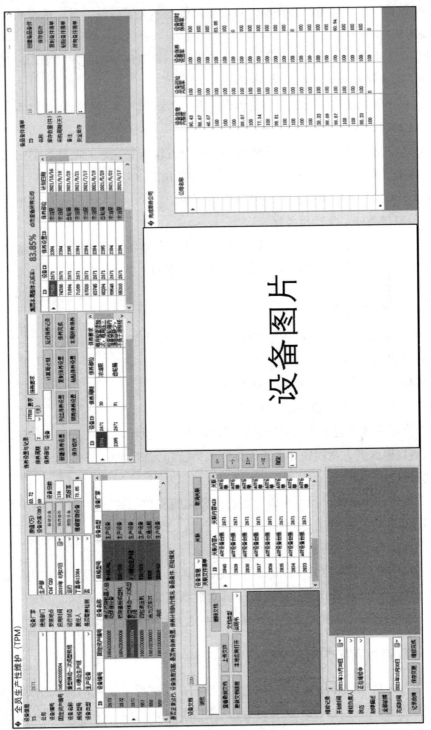

图 5.32 全员生产性维护模块

3）设置有设备的备品备件库，防止紧急状态下关键备品不足，承载了年度评估要求的库存精度。

4）设置有设备的维修履历平台，用于后续计算平均故障间隔、平均故障修复时间，维修责任到人，联动绩效。

5）真正实践了扁平化、数字化管理，企业各级领导根据权限可以查看任何一台设备的当前状况。

6）若是集团公司，设有整个集团每周的设备保养完成率，制造分公司每周的设备保养排行榜，用于各级管理层对后进分公司的设备进行重点关注。

7）小型工具和检测设备同样由该模块管理，CAPP可以调取该模块里的工具库、检测设备库、生产设备库。

8）设定了设备信息完整度、设备巡检完成率、设备保养设置率、设备按时保养率四大指标，助力设备维护保养更完善、更精准。

5.5.4 制程稳健模块

基于国家标准工艺优化方法论和世界先进企业特色，该平台打造了制程稳健模块，如图5.33所示。

1）用于常态化审核产品制程是否稳定。

2）有图、有真相地展示改善前后的效果。

3）真正实践了扁平化、数字化管理，企业各级领导根据权限可以查看当前时刻的制程稳健度，制程稳健度的计算公式为已经完成彻底改进的问题数量/全部问题数量。

4）若企业是集团公司，可以看到各分公司的制程稳健度排行榜，用于管理层对后进单位进行重点关注。

5）有整个工厂的当前制程稳健度展示。

6）软件设定制程稳健审核每半年一次，设定审核事项要在半年之内完成。若没有完成，会转移到下一个半年度，驱动最终完成。

7）该模块要求审核人员要有深厚的工业能力基础才能审核各制造单位。

5.5.5 培训与发展模块

培训与发展模块充分践行了培训方法论，真正完成了工艺部提供培训及审核、生产部接受培训及审核、质量部监督培训及审核的闭环，达成真正"接地气"

第 5 章 数字化工艺

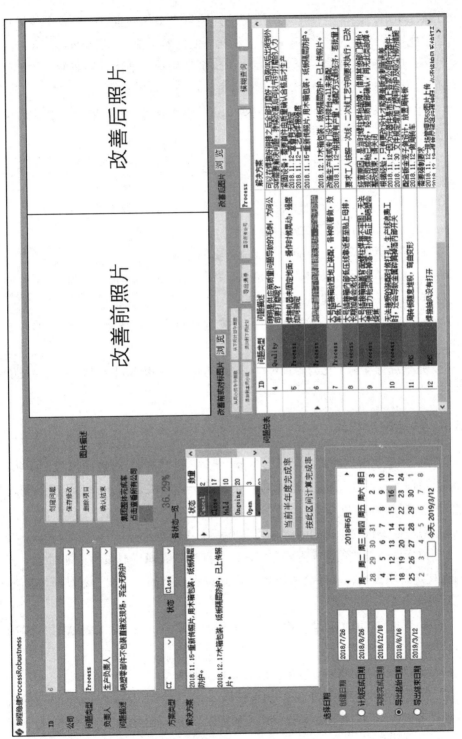

图 5.33 制程稳健模块

的操作员工培训，让每个操作员工清楚地知晓自身工作的重点，形成全体操作员工的技能矩阵，甚至技能补贴幅度。相对应的世界先进平台资质库或 HR 模块只是给个资质编码而没有下一层级的资质培训结构化，是浮于表面的，该智能化模块直达最底层的员工操作培训，并与绩效挂钩（见图 5.34）。

1）工艺人员在后台建立了工位技能难度、员工技能评级，相当于把多技能表格规定的原则固化入数字化平台。

2）自动生成颗粒度到每周的培训、复训、审核计划，确保员工及多技能工的技能不生疏，随时可以机动调配。

3）践行"三权分立"，即工艺培训、生产接受、质量监督的原则。

4）生成员工能上能下的技能矩阵。

5）达成技能矩阵综合技能分是技能补贴的来源。

6）自动驱动工艺对操作员工的培训，并与工艺绩效挂钩。

7）自动生成员工资质卡，并与 MES 关联，无资质员工将不能操作工位。

8）有 KPI 展示每周的按时培训率、按时审核率、多技能率、员工关联工位率。

9）完全践行了扁平化的管理理念，最高层领导可以看到最基层员工的技能水平等。

5.5.6 快速响应模块

为保证快速及有效地解决跨部门事务，打破部门隔阂，打造高效合作团队，该模块是有效的跨部门事务追踪平台，是驱动工程师级别事务快速解决的制造业领先平台，如图 5.35 所示。

1）对于需要快速解决的问题，实现了跨部门指派任务并予以追踪。

2）被指派任务的负责人需要在规定的时间内提交短期对策和长期对策，若没有按规定时间提交，软件会逐级发警示邮件直到最高管理层，并持续不断地发邮件催促。

3）驱动真实地解决问题，找到问题的根源，事务的对策需要指派任务者确认合理后才可以单击关闭。

4）有图、有真相地展示事务，形成疑难问题库。

5）以体系化的思维解决问题，贯彻任何一个问题的背后都是流程和体系的缺失，软件开发成长期对策需要质量体系工程师来确认是否在体系上也进行了改善。

第5章 数字化工艺

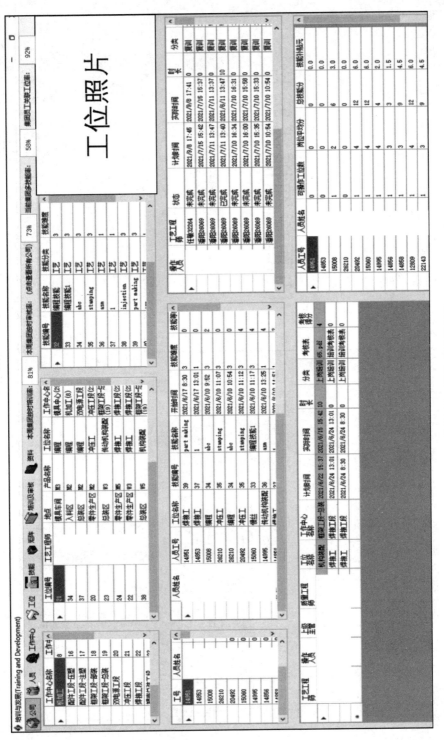

图 5.34 培训与发展模块

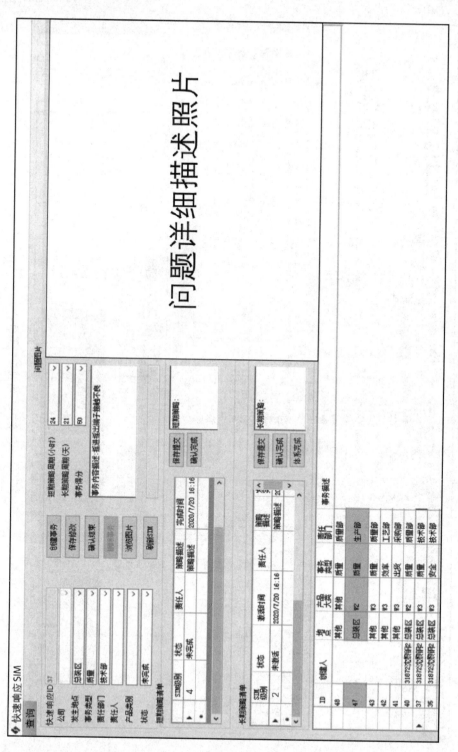

图 5.35 快速响应模块

6）指派任务者对被指派任务者的事务处理结果需要给出满意度分数，联动到被指派任务者的绩效考核。

读者可以参考该扁平化界面，用于企业自身的软件开发。

5.5.7 年度工业能力审核专家模块

基于世界先进企业的年度工业能力审核方法论和 GB/T 39116—2020《智能制造能力成熟度评估模型》，该平台打造了数字化的年度工业能力审核专家模块（见图 5.36）。

1）践行 PDCA 流程，年度审核达成了检查要求。

2）以数字来衡量业务能力的高低，把国家标准 [1 分—规划级（概念级），2 分—规范级（基本级）；3 分—集成级（标准级）；4 分—优化级（高级）；5 分—引领级（专家级）] 和评估方法开发导入数字化软件平台，输入评估分数，即刻显示年度工业能力总分。

3）创建了具体的、科学的、可执行的审核条款。

4）以分项审核分和总计审核分作为各级管理层年度绩效考核参考。

5）设定审核团队成员各自的权重，以达成公平的最终审核结果。

6）卓越工业平台里的每一个模块产生的数据都可以被抓取到该模块进行计算。

本章讲述了基于工艺体系，充分实践产品类工艺和优化类工艺后，会对产品问题的解决了然于胸，在此基础上，再行实施数字化工艺，这符合笔者一贯强调的观点。想要成功实现数字化转型，先把线下的业务执行到位才是正道。

我国工艺国家标准高屋建瓴地规定了工艺工作要如何开展，本书的每个段落都以工艺国家标准作为支撑，当读到 CAPP 时，相信读者已经明白了数字化工艺基本上就是前述产品类工艺结果和优化类工艺结果在软件平台里的集大成者，再次印证了数字化转型中工艺的难度是最大的，市面上有 CAPP，但是难以见到结构化研发，就是这个道理。

阅读了本书的所有章节，结合企业自身的状况，读者一定会清晰地体会到工艺是当前数字化转型的关键环节，反之，没有做好工艺业务，缺失的工艺就是数字化转型的瓶颈。若没有该体会，建议再阅读一遍，所谓读书百遍，其义自见。

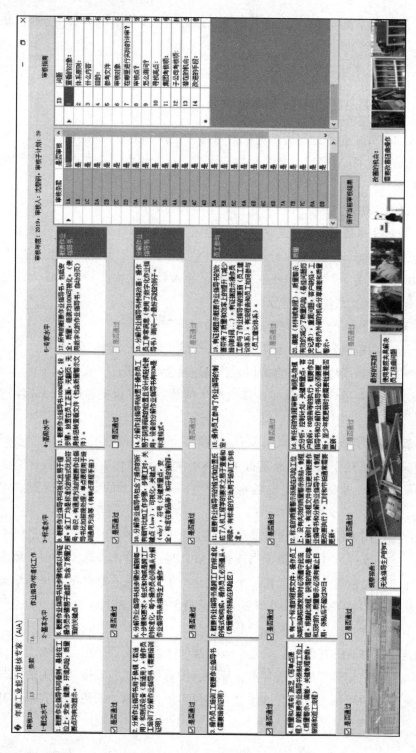

图 5.36 年度工业能力审核专家模块

后 记

当工艺人员或面临推行数字化工艺体系难题的工艺人员阅读完本书后,会感慨这才是开展工艺体系建设的正确方式。"数字制造,工艺先行"不是一个临时起意的想法,而是严肃的话题。工艺在企业里定位于生产技术的源头,源头羸弱,等于先天发育不良,数字化转型的效果自然会不尽如人意。

作为技术人士,撰写专著首先需要查看有没有国家标准,其次查看有没有行业标准,再次查看有没有企业标准,以确保专著的权威性。我国与世界上的其他国家和地区不一样,有成体系的工艺国家标准,这是先进之处,可以基于工艺国家标准来阐述真正的工艺实践。

本书大量案例及案例背后的逻辑思路,是笔者长期践行工艺业务的普适性总结。刚开始工作时,笔者不知道有工艺国家标准,时间久了,担心做的事情不是国家规定的事情,赶紧去翻看了国家标准,发现所做的大量事务已经在工艺国家标准里有明确说明,如要解决重大质量问题、要给出质控要求、要编写作业指导书等,于是笔者就放心了,确认走在了正确的道路上。

一晃 20 年过去,进入了数字化时代,笔者也在探索工艺在数字化时代应该如何正确地开展,在工作中与各类大大小小的数字化转型实施商深度碰撞,总结了大量的案例,提取出了共性,即数字化转型成功的企业在应用数字化软件平台前,就已经深耕工艺业务好多年,可能在这家企业里不称为工艺,但是所做的事情,却完全遵循了工艺国家标准。

数字化转型失败的企业,并没有意识到工艺在数字化时代的重要性，这一正一反之间，得出本书显而易见的观点——工艺是当前工业数字化的瓶颈。在当下金玉其表的数字化转型下，隐藏着尴尬的现实——羸弱的工艺。

既然是瓶颈，肯定是要打破的，这也是本书写作的目的所在，希望广大企业在阅读本书后，深度思考企业数字化转型的瓶颈是否是羸弱的工艺能力，若是，请立即行动起来，即使企业里的部门名称不是工艺部也没关系，只要做的事情是工艺国家标准里规定的事即可；若不是，以本书作为排除法，缩小寻找数字化瓶颈的范围，这同样也是本书的重大意义。至于数字化转型为什么要从解决瓶颈开始，当然是基于不证自明的工业常识，即解决瓶颈获得的收益远比非瓶颈的收益大，就如本书 2.4 节生产线设计中提及的产能由瓶颈决定一样。

进一步拓展本书的社会意义，希望本书可以作为高校工艺专业的应用实践教材，因为本书的写作方式是每一个章节都以工艺国家标准作为支撑，拥有显著的权威性。

即使国家标准中没有明确指明的，也通过实践经验总结出来到底应如何执行。例如，样品承认在工艺国家标准中并没有说明由工艺部来负责，但是却明确说明了工艺部要给质量部提供质量控制要求，符合产品实际状况的质量控制要求正是样品承认的最后一环，那自然而然地，释放量产后的样品承认理应由工艺部负责。

基于工艺国家标准，本书紧扣时代主题，延伸出了在数字化时代下的更多工艺职能，如工艺人员在坚实的基础上，开展了工艺部对工厂整个运营体系的审核，该业务并没有在工艺国家标准中提及，但是当人们践行 PDCA 原则时，自然而然地就要进行年度工业能力审核，这是万事万物发展的正常趋势，而工艺人员由于长期协同产品开发，定位承上启下及生产技术之源，这些体系化能力是不由自主地被构建起来的。还有本书 3.2 节阐述的价值流程，也是延伸出来的新职能。

一旦选择了工艺这条艰难之路，意味着一路上需要披荆斩棘，假以时日，无论是主动还是被动，工艺人员必将拥有该审核能力，审核完成后，自然要输出以数字来衡量的评估报告，这就是工业数字化的本质，详情请参阅作者其他图书（见参考文献）。

工艺国家标准规定的内容包罗万象，要站在更高层次查看标准的良苦用心，就是要破除企业长期以来的固有思维，即工艺只是配套产品开发的小组。正确

后　记

的理念应该是在配套完产品开发后,不眠不休的工艺优化才刚刚开始,直到产品退市才结束,这种要求不是凭空想出来的,而是基于国家标准深度解读出来的。

笔者长期工作在中外先进企业里,从初级工程师一路晋级到总工程师,属于实践派,深谙中西方的技术及管理思路,姑且就大言不惭地自封为中西合璧的专业人士。恰逢当前数字化转型的国家战略深入推进,故提笔写了几本书,力求从体系上、技术上说明当前数字化转型到底应该如何思考、如何实战、如何找到本质、如何找到瓶颈,这是一个体系化的过程。本书是对当前数字化转型瓶颈的研究及论证,若某家企业数字化转型的瓶颈不是工艺,知晓本书的瓶颈论证思路一样有用,可以用于找到新的瓶颈并论证。

最后,希望我国广大企业在数字化战略这个必选题上,多读书、读好书、勤思考、集百家之长,找到适合企业的数字转型路径,压茬推进、勇毅前行,为行业、为国家做出更大的贡献。

沈黎钢

于苏州

参 考 文 献

[1] 沈黎钢，蒋双成. 数字化转型底层思维故事［M］. 北京：企业管理出版社，2023.
[2] 沈黎钢. 变革的力量：制造业数字化转型实战［M］. 北京：中国铁道出版社，2023.
[3] 沈黎钢. 工业数字化本质：数字化平台下的业务实践［M］. 北京：机械工业出版社，2024.
[4] 伯乐 M，伯乐 F. 金矿Ⅱ：精益管理者的成长（珍藏版）［M］. 周健，刘健，译. 北京：机械工业出版社，2015.